なんの変哲もない
取り立てて魅力もない
地方都市
それが
ポートランドだった
「みんなが住みたい町」をつくった市民の選択

畢 滔滔 [著]

Taotao Bi-Matsui
From "A Growth Machine"
to "A Livable City"
Changes in City Planning of
Portland, Oregon
since the 1970s

東京 白桃書房 神田

まえがき

　筆者が米国オレゴン州ポートランド市に関する研究を始めたのは，2014年頃のことである。それまでの約7年間，同じく西海岸に立地し，ポートランド市から約1000km南にあるカリフォルニア州サンフランシスコ市のまちづくりについて研究していた。ポートランド市に関する研究を始めた途端，サンフランシスコ市とポートランド市に大きな違いがあることを実感した。まず，空港の規模が違った。東京からサンフランシスコ市までは，日本航空や全日空を含めて，世界の多数の航空会社が直行便を運航している。一方，東京からポートランド市までは，直行便を運航する日系航空会社はない。また，唯一の直行便を運航するデルタ航空でさえも，毎日フライトがある訳ではない。サンフランシスコ市とポートランド市では，人種の多様性も大きく異なる。サンフランシスコ市は，人口の約3分の1が外国生まれ（すなわち移民一世），約5分の1がLGBT（レズビアン・ゲイ・バイセクシュアル・トランスジェンダーなどの性的少数者）であるなど，人の多様性が非常に高い都市である。これとは対照的に，ポートランド市の住民のほとんどが白人であり，マイノリティは非常に少ない。さらに，サンフランシスコ市のダウンタウンには，大手金融企業を含めて，大企業の本社がいくつもあるが，ポートランド市のダウンタウンには，フォーチュン500企業の本社が1つもない。つまり，情報通信産業と金融産業の世界的な中心都市として栄えるサンフランシスコとは対照的に，ポートランド市は一地方都市に過ぎないのである。

　一方，大変興味深いことも明らかになった。先進国の多くの地方都市が人口減少に悩まされる中，同じく地方都市であるはずのポートランド市の人口増加率は，グローバル都市サンフランシスコ市以上に高かったのである。2010年から2015年まで，サンフランシスコ市の人口が81万人から86万人へと7.4%の増加であったのに対して，ポートランド市の人口は58万人から63万人へと8.3%も増加した。そもそもポートランド市は，長きにわ

たり米国人が「住みたい」町であり続けている。例えば，ポートランド州立大学の地理学者ジェイソン・ジャジェヴィチ（Jason Jurjevich）と都市計画学者グレッグ・シュロック（Greg Schrock）は，全米の人口が最も多い50の都市圏について，25歳から39歳までの大卒以上の学歴を持つ人（young, college-educated: YCE）の転入と転出の状況を分析した。この研究によると，他の都市圏と比べて，ポートランド都市圏在住のYCEは，良い仕事を見つけるために苦労を強いられている。にもかかわらず，他都市からポートランド都市圏へのYCEの流入が続いているというのである。こうした結果に基づき，ジャジェヴィチとシュロックは，多くのYCEはより良いキャリア機会を求めてポートランド都市圏に転入しているわけではない，と結論づけた。ポートランド都市圏に転入するYCE達は，手に届く価格の住宅や，便利な公共交通，整備された自転車道，活気あふれる商店街，守られている自然環境といった同都市圏の高いクオリティ・オブ・ライフを享受するためなら，他の都市圏で得られたはずのより良いキャリア機会を放棄しても構わないと考える人々であるというのである。

人口減少にいかに歯止めをかけるかは，先進国の多くの地方都市が抱える今日的な課題である。この問題に対する解決策を検討する上で，ポートランド市の事例は格好の研究対象となるであろう。同市には，地方都市であるにもかかわらず人口が増加し続けているという実績がある。そして，それは都市を「成長マシン」とせずに，人々が「住みたい町」とすることが可能であることを示している。

古典的な経済理論では，人々がある場所から別の場所へと移住する（移り住む）際の主なモチベーションは，より良い雇用機会の追求であるとされてきた。また，こうした考え方は，学者だけではなく，政治家の間でも長らく共有されていた。米国の社会学者ハーヴェイ・モロッチ（Harvey Molotch）は，企業誘致によって人口増加と土地の高度利用を目指すような成長戦略が1970年代の米国都市において広く見られたことを指摘した。その上で，政治家など都市のエリート達がこぞって成長を追求する現象を，「都市が成長マシンと化している」と揶揄した。

一方，1970年代終盤から，米国において人々の移住に関するモチベーショ

ンが多様化し始めた。様々な先行研究によれば，雇用機会の他に，(1)生活コストや(2)気候，(3)多様なレクリエーションのための施設および場所の有無，(4)芸術関連の施設・活動の状況，(5)医療環境，(6)教育機関，(7)交通，(8)治安状況といったクオリティ・オブ・ライフ要因が，人々の移住先に関する意思決定に影響を及ぼしうるという。人々の住環境に対する選好が多様化する中，「成長マシン」になること以外にも，人口減少に歯止めをかけるための多様な方法が模索されるようになり，それを実践する都市も現れるようになった。ポートランド市は，まさにその代表的な成功例であると言えよう。この本の中で語られるのは，1970年代を境に，ポートランド市が「成長マシン」から脱却し，人々が「住みたい町」へと変化を遂げていくプロセスについての物語である。

　本書は，街区・交通システムのデザイン手法や，古い建造物の改造・再利用方法を説明するためのハウツー本ではない。ポートランド市では，1970年代を境に，町が「どのような人に」，「どのような価値を」，「どのような方法で」提供し，「郊外とどのように差別化するか」という都市のビジョンに関して，劇的な転換が見られた。その結果，同市は「成長マシン」から脱却し，今日のような「住みやすい町」へと変化したのである。本書では，こうしたポートランド市における都市ビジョンの転換に焦点を当て，そのような変化を促した社会環境や，リーダーシップを発揮した人物達，さらに彼らが市民や企業の支持を得るためにとった戦略について丁寧に記述していく。

　日本の都市のまちづくりに詳しいポートランド州立大学のスティーブン・ジョンソン（Steven Johnson）特任教授は，筆者のインタビューに対して「日本がポートランド市から学ぶべきことは，公共交通や街区，建物のデザインではない。そもそも，これらのことについて，日本の方がポートランド市以上に優れた技術とノウハウを持っている」と語っている。ジョンソン教授が指摘しているように，日本の地方都市において，公共交通が発達せず，住民の生活環境が快適とは言えない状況に置かれている原因は，デザイン力や建築技術の欠如にあるのではない。むしろその原因は，「どのような人に」，「どのような価値を」，「どのような方法で」提供し，「他の都市または郊外とどのように差別化するか」という都市のビジョンについて，地方都市の政治家

達が必ずしも真剣に考えてこなかったこと，また，市民を巻き込んだ議論を行ってこなかったことにあるのではないかと筆者は考える。

人々の移住先に関する選好が多様化するという現象は，米国だけではなく，今日の日本でも見られる。若者をはじめとして，東京などの大都市から地方都市へと移住する人が増加している。本書で語られるポートランド市の経験は，日本の地方都市の再活性化という課題に対して，多くの示唆を与えることだろう。ただし，ポートランド市の事例から学ぶ意味は，現状として出来上がった公共交通システムや街並みを模倣することにあるのではない。むしろ，まちづくりプロセスの背後に存在した戦略思考を理解することにある。この点こそ，筆者が特に強調したい点である。

本書を上梓することができたのは，多くの人々のご支援のおかげである。共同研究者であるポートランド州立大学のスティーブン・ジョンソン特任教授は，インタビュー先を紹介してくださり，研究計画について貴重なアドバイスをくださった。また，ポートランド州立大学のサイ・アドラー（Sy Adler）教授および，チャールズ・ヘイング（Charles Heying）名誉教授は，ポートランド市の人口と産業の特徴について丁寧に説明してくださり，未刊行の論文を含めて自らの研究の結果を提供してくださった。これらポートランド州立大学の先生方に感謝を申し上げたい。

本研究を進めるプロセスにおいて，ポートランド市役所の担当者や起業家，市民運動家など多くの方々がインタビューに答えてくださった。ご多忙にもかかわらず，筆者のインタビューに応じていただき，また自らの考え方と意見を素直に話してくださったことに厚く御礼申し上げたい。ポートランド市都市計画・サステナビリティ局（BPS）のトロイ・ドス（Troy Doss）シニアプランナーおよび，市民参加オフィス（ONI）のポール・レイストナー（Paul Leistner）博士は，筆者による長時間にわたるインタビューに応じてくださり，また，貴重な文書資料を提供してくださった。同市セントラルイースト工業地区（CEID 地区）に関する調査において，当該地区の企業や活動家達が組織する非営利団体 CEIC の役員ロビン・ショレツキー（Robin Scholetzky）氏や，同地区に立地するメーカー・スペース ADX のカット・ソリス（Kat

Solis)メンバーシップ部門ディレクター,さらに起業家でソファー職人のジョナサン(Jonathan)氏は,筆者のインタビューに複数回応じてくださり,自らの経歴と経験,ビジネスの仕組みなどを率直にまた丁寧に説明してくださった。これらの方々の知識と知恵,さらにものづくりに対する情熱は,本研究を推進する上で大きな励ましとなった。

原稿を作成するプロセスにおいて,ポートランド市公文書・記録センター(PARC)のマリー・ハンセン(Mary Hansen)氏,オレゴン州歴史協会リサーチ・ライブラリー(OHS Research Library)のスコット・ルーク(Scott Rook)氏とエレリナ・アルダマー(Elerina Aldamar)氏は,資料収集を手伝うとともに写真を提供してくださった。ここに記して御礼申し上げたい。

出版事情が厳しい中,白桃書房が本書の出版を引き受けてくださったことにも感謝の意を表したい。編集部長の平千枝子さんからは,本書の構成について貴重なアドバイスをいただいた。また原稿執筆中の筆者を励ましてくださった。

本研究の一部は,マーケティングカンファレンス2015で発表し,また,日本マーケティング学会ワーキングペーパーとして公開したものである。マーケティングカンファレンス2015において,セッションの司会者であった一橋大学の古川一郎先生からは,本研究に対して貴重なコメントをいただいた。ワーキングペーパーについても,駒澤大学の菅野佐織先生,関西大学の徳山美津恵先生,立正大学の浦野寛子先生が様々なアドバイスをくださった。横尾良子さんには原稿の日本語校閲をしていただいた。本書が少しでも読みやすいものになっているとしたら,横尾さんのご努力のおかげである。以上の方々のご支援とご協力に深く感謝を申し上げたい。

本研究は,科学研究費補助金(国際共同研究加速基金(国際共同研究強化))「サンフランシスコ市の商店街活性化:協働型計画の役割に関する理論的・実証的研究(国際共同研究強化)」2016-18年度,課題番号:15KK0135)および,科学研究費補助金(基盤研究(C)「新産業都市における商店街の変遷:企業社会の影響に関する理論的・実証的研究」2016-19年度,課題番号:16K03954),立正大学産業経営研究所プロジェクト補助金(2016年度)の支援を受けて実施されたものである。なお,本書出版にあたっては,立正

大学産業経営研究所の出版助成金を交付していただいている。ご支援を賜ったことに深く御礼申し上げる。

　最後に夫である松井剛に感謝を述べたい。研究と生活とが全く両立できていない筆者に対して，夫はいつも理解を示し，サポートしてくれた。来日して 21 年が経ったが，日本での生活と研究を今日まで続けることができたのは，夫のおかげである。夫の理解とサポートに深く感謝する。

2017 年 2 月

畢　滔滔

目次

まえがき

序章　ポートランド：「成長マシン」から「住みたい町」への変化 ——————— 1

第1節　成功事例としてのポートランド市 ………………………… 1
第1項　ノースウエスト・コーストの二大都市：ポートランドとシアトル
　　　　1
第2項　「住みやすい町」ポートランド市　4
第2節　「成長マシン」と「住みたい町」 ……………………………… 6
第1項　都市が成長マシンと化している　6
第2項　都市の再活性化方法の多様化　8
第3節　本書の焦点と主な主張 ……………………………………… 10
第1項　本書の焦点：1970年代におけるまちづくり目標と手法の変化
　　　　10
第2項　本書の主な主張　11
第4節　データ収集の方法と本書の構成 …………………………… 15
第1項　データ収集の方法　15
第2項　本書の構成　18

第1章　「成長マシン」としての歴史 ——————————————— 21

はじめに ……………………………………………………………… 21
第1節　都市形成の歴史 ……………………………………………… 22
第1項　都市形成の歴史　22
第2項　小さいブロック：米国都市の憧れの対象　24
第2節　人口・自治・産業の特徴 …………………………………… 25

第1項　人口の特徴　　25
　　　第2項　自治の特徴　　26
　　　第3項　産業の特徴　　29
　　第3節　高速道路の建設 ………………………………………… 33
　　　第1項　高速道路「ハーバードライブ」の建設　　33
　　　第2項　世界大戦とポートランド市のまちづくり　　34
　　　第3項　ロバート・モーゼスとポートランド市都心部の環状高速道路
　　　　　　　　　　　　　　　　　　　　　　　　　　　　　36
　　第4節　サウスオーディトリアム・アーバンリニューアル事業：
　　　　　　伝統住区を取り壊す ……………………………………… 38
　　　第1項　アーバンリニューアル事業　　39
　　　第2項　サウスオーディトリアム・アーバンリニューアル事業　　40
　　　第3項　アーバンリニューアル事業の影響　　43
　　おわりに ………………………………………………………………… 46

第2章　「成長マシン」を脱するための土壌：
1960年代米国社会の変化 ——————————— 49

　　はじめに ………………………………………………………………… 49
　　第1節　サイレントから不服従へ ……………………………… 50
　　第2節　都市計画・再開発に対する市民の反発 ……………… 53
　　　第1項　ジェイン・ジェイコブズとロバート・モーゼスの闘い　　54
　　　第2項　『アメリカ大都市の死と生』　　57
　　　第3項　環境保護運動と連邦政府による環境・交通政策の変化　　59
　　第3節　ポートランド市の社会の変化 ………………………… 62
　　　第1項　カウンター・カルチャー・ムーブメント　　62
　　　第2項　環境保護運動，市民団体の変化　　66
　　第4節　市会議員の世代交代 …………………………………… 70
　　　第1項　都市計画軽視の市議会：1960年代末まで　　71
　　　第2項　市会議員・市長の世代交代　　74
　　おわりに ………………………………………………………………… 79

第3章　まちづくりのターニングポイント：
　　　　1970年代ダウンタウンの再生 ———————————— 81

　はじめに ………………………………………………………… 81
　第1節　ダウンタウン・プラン作成機運の高まり…………… 83
　　第1項　PDCによるダウンタウンの振興戦略：
　　　　　　1950年代後半〜1960年代　83
　　第2項　ダウンタウン総合計画作成のきっかけ　87
　第2節　ダウンタウンに関する総合計画の作成……………… 91
　　第1項　作成にかかわった組織，総合計画の理念　91
　　第2項　ウォーターフロントの計画　95
　　第3項　ダウンタウンの総合計画：1972年ダウンタウン・プラン　99
　第3節　ダウンタウン・プランの実施：
　　　　　トランジット・モール事業 ………………………… 103
　　第1項　トライメットの設立　103
　　第2項　トランジット・モールの建設　105
　第4節　ダウンタウン・プランの実施：
　　　　　広場こそが都市特有のスペース …………………… 108
　　第1項　都心の一等地に広場をつくる　108
　　第2項　用地買収　110
　　第3項　デザインを巡る紛争：公共の広場かショッピングモールか
　　　　　　111
　　第4項　資金調達：公共の広場を市民に「売る」　114
　おわりに ……………………………………………………… 117

第4章　パールディストリクト：
　　　　物流・工業地区からポートランドの「ソーホー地区」へ ——— 121

　はじめに ……………………………………………………… 121
　第1節　ノースウエスト倉庫地区からパールディストリクトへ … 124
　　第1項　物流産業と製造業の発展：19世紀後半〜第二次世界大戦　126

第 2 項　中小企業の集積地への変化：第二次世界大戦後〜 1980 年代　　*131*

第 2 節　ロフト住宅の開発：高級住宅街の誕生 ……………………… *138*

　第 1 項　ロフト住宅の開発　*138*

　第 2 項　ポートランド市の「ソーホー地区」　*141*

第 3 節　パールディストリクトのまちづくりにおける市当局の役割
　　　　　………………………………………………………………… *143*

　第 1 項　市当局が再開発に参加したきっかけ　*143*

　第 2 項　市当局によるインフラ整備　*145*

　第 3 項　パブリック・プライベート・パートナーシップ（PPP）の結果
　　　　　　148

第 4 節　ポートランド市の「ソーホー地区」：人気の観光スポット
　　　　　………………………………………………………………… *149*

おわりに ……………………………………………………………………… *155*

第 5 章　セントラルイースト工業地区：
　　　　　都心に生き残る中小製造企業の集積　　　　　　　　*157*

はじめに ……………………………………………………………………… *157*

第 1 節　米国における製造業の空洞化とメーカームーブメントの
　　　　　発展 ……………………………………………………………… *160*

　第 1 項　米国の製造業における生産工程の海外移転　*160*

　第 2 項　メーカームーブメント　*162*

第 2 節　CEID 地区の特徴 ………………………………………………… *165*

第 3 節　CEID 地区の変遷：工業地区を守る …………………………… *170*

　第 1 項　中小企業の集積地へ（第二次世界大戦後 〜 1970 年代）　*170*

　第 2 項　工業保護政策の実施と政策の後退（1980 年代以降）　*176*

おわりに ……………………………………………………………………… *179*

第 6 章　ものづくりベンチャーを育てる起業家達：
　　　　　メーカー・スペース ADX の事例　　　　　　　　　*183*

はじめに ……………………………………………………………………… *183*

第1節　ADXが提供するサービス……………………………………… *185*
　第2節　経営を成り立たせる仕組み …………………………………… *190*
　　第1項　ADXの収入源　*190*
　　第2項　ADXの支出　*194*
　　第3項　企業広告　*197*
　おわりに ……………………………………………………………………… *198*

終　章　都市レジームの変化を目指して ─────── *201*

　第1節　ローマは一日にして成らず …………………………………… *201*
　第2節　都市レジームの変化：まちづくり変革のキーファクター
　　　　　…………………………………………………………………… *203*
　　第1項　外部要因　*204*
　　第2項　内部要因その1：1970年代市議会の世代交代　*205*
　　第3項　内部要因その2：新しい都市レジームの構築　*207*
　第3節　日本の地方都市への示唆 ………………………………………… *212*

あとがき
注　　釈
参考文献
索　　引

序　章

ポートランド[1]
「成長マシン」から「住みたい町」への変化

> [W]hile all potential migrants balance economic and non-economic factors—from "quality of life" to political milieu—into their decisions of whether and where to move, it appears that the typical Portland migrant places greater relative value on amenity values compared to the economic opportunities afforded by the region.
>
> 移住を考える全ての人は，そもそも移住するべきかどうか，そしてどこに移住するべきかを決める際に，移住先の経済的要素のみならず，「クオリティ・オブ・ライフ」や政治的環境といった非経済的な要素をも考慮して総合的に判断を下す。中でもポートランド都市圏に移住する人は，当該地域が提供する経済的機会よりも，クオリティ・オブ・ライフの方をより重視する傾向にある。
>
> (Jurjevich & Schrock, 2012a, p.13)

第1節　成功事例としてのポートランド市

第1項　ノースウエスト・コーストの二大都市：ポートランドとシアトル

米国の西海岸には，カナダとの国境からメキシコとの国境に至るまで，3つの州，すなわちワシントン州，オレゴン州，およびカリフォルニア州が並んでいる。ポートランド市は，オレゴン州最大の都市である。近隣には，北にワシントン州最大の都市であるシアトル市が，南にカリフォルニア州の大都市サンフランシスコ市が控える（図 序-1）。米国西海岸北部の2つの州が立地する地域は，ノースウエスト・コーストとも呼ばれ，ポートランド市とシアトル市はノースウエスト・コーストの2大都市として君臨している。

ポートランド市とシアトル市は，たった280kmしか離れていない。2015年のポートランド市の人口が63万2309人であったのに対して，シアトル市の人口は68万4451人と，住民数だけを見ると両都市に大きな差はない。ポートランド市とシアトル市は，これまでにも多くの研究において比較分析されてきた（例えば，Pomeroy, 1965; Johansen & Gates, 1967; Abbott, 1992）。

図●序-1　オレゴン州ポートランド市の位置

出所：Google Map データから筆者作成。

　両都市は，都市として形を成すようになった19世紀半ばから1950年代まで，人口構成と産業構造が酷似しており，いずれも米国ノースウエスト海岸の中核都市という位置づけであった。しかし1960年代に入ると，シアトル市は観光産業の振興に力を入れ始めた。同市は，1962年シアトル万国博覧会を開催し，大規模なコンベンションセンターやスタジアムを建設した。また，シアトル港をコンテナ港として近代化するとともに，シアトル・タコマ国際空港を米国ノースウエスト海岸のハブ空港にするべく規模の拡大を図った。さらに，市内に立地するワシントン大学の教員に対し，連邦政府が提供する医学・自然科学分野の研究開発助成金を積極的に申請するよう促し，同大学を研究中心の大学に育成しようとした（Abbott, 1992）。このようにしてシアトル市は，米国ノースウエスト海岸の一中核都市から脱却し，シカゴやフィラデルフィアに匹敵するような経済規模を持つ大都市へと変貌を遂げることを目指したのである（Abbott, 1992）。

　結果として，シアトル市とポートランド市の間には，次第に大きな差異が見られるようになった。1967年におけるシアトル港の輸出額と輸入額は，ポートランド港の0.53倍と1.18倍に過ぎなかったが，1977年には，1.15倍と3.42倍となり，輸出額と輸入額いずれにおいてもポートランド港を上

回るようになった（Abbott, 1992）。1980年代以降，シアトル港の優位はさらに拡大した（Abbott, 1992）。また，1950年代，シアトルおよびポートランド両市の空港における人口1000人あたりの乗客数はほぼ同じであったが，1980年代はじめになると，シアトル・タコマ国際空港の1日あたりの乗客数はポートランド国際空港の2倍にまで達するようになった（Abbott, 1992）。さらに，大学が獲得する連邦政府研究開発助成金の金額についてもシアトル市は大きく躍進した。1977年，シアトル都市圏[2]の研究助成金獲得額は全米都市圏中第6位にランキングされた（Abbott, 1992）。また，世界的に著名な「バテル記念研究所（Battelle Memorial Institute）」の研究センターがシアトル市に立地するようになるなど，シアトル都市圏には研究開発機関が数多く集積するようになった（Abbott, 1992）。シアトル市の華々しい躍進とは対照的に，ポートランド市には今日もなお「研究中心の大学（'Research 1' university）」が1つもない（Jurjevich & Schrock, 2012a, p.13）。

　こうした産業発展の違いにより，今日ポートランド市民の所得水準とシアトル市民のそれとの間には大きな隔たりが見られる。2010年代前半，ポートランド市の世帯年収の中央値および1人あたりの年間所得はそれぞれ5万3230ドル（585万5300円：為替レート1ドル＝110円，以下同）と3万2438ドル（356万8180円）であり，シアトル市の6万7365ドル（741万150円）と4万4167ドル（485万8370円）をはるかに下回っていた[3]。実際，ポートランド市の世帯年収の中央値は，同じ時期の全米平均である5万3482ドル（588万3020円）よりもやや低かった[4]。Abbott (1992) がコメントしたように，1960年代以降，シアトル市がグローバル・シティを目指して大きく躍進したのとは対照的に，ポートランド市は，戦前と同じように，依然として地方都市であり続けているのだ。

　ところが，今日もなお一地方都市であり続けているポートランド市が，いわゆる「地方消滅」の危機に直面しているかというと，実はそうではない。ポートランド市は，むしろ，近隣のシアトル市またはサンフランシスコ市以上の人口増加を享受している。

第2項 「住みやすい町」ポートランド市

　図序-2 は，1940 年から 2015 年までの，ポートランド市およびシアトル市，サンフランシスコ市の人口の推移を比較したものである。この図から分かるように，ポートランド市の人口は，太平洋戦争勃発以前の 1940 年から 1980 年までは，ほぼ横ばいであった。しかし，1980 年以降急速に増加し，その増加率はグローバル都市サンフランシスコや，大きな産業発展と経済成長を実現したはずのシアトル市をやや凌ぐ高さである。

　特に興味深いことに，地方都市であるはずのポートランド市は，1980 年代以降，仕事を探す必要がないリタイア組だけでなく，仕事を探す必要のある若い世代の人々からも，移住先として選択されていたのである。ポートランド州立大学の地理学者ジェイソン・ジャジェヴィチ（Jason Jurjevich）と都市計画学者グレッグ・シュロック（Greg Schrock）は，米国国勢調査および米国コミュニティ・サーベイ（American Community Survey: ACS）のデータを用いて，全米で人口が最も多い 50 の都市圏（以下 50 大都市圏と略す）

図●序-2　ポートランド市およびシアトル市，サンフランシスコ市における人口の推移（1940-2015 年）

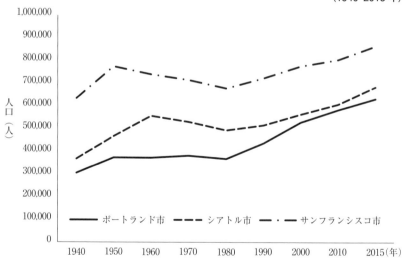

出所：U.S. Bureau of the Census, *Population of the 100 Largest Urban Places 1940-1990*; U.S. Census QuickFacts により筆者作成。

について，人口の転入（in-migration）と転出（out-migration）の状況を分析した。彼らは，1980年から2010年までの30年間にわたるデータを収集し，25歳から39歳までの大卒以上の学歴を持つ人（young, college-educated: YCE）の動向に着目した。その分析結果をまとめた2本の論文（Jurjevich & Schrock, 2012a, b）は，全米で大きな反響を呼んだ[5]。

Jurjevich & Schrock（2012a）によると，(1) 1975–80年，(2) 1985–90年，(3) 1995–2000年，(4) 2005–07年，(5) 2008–10年の5つの時期において，経済の景況にかかわらず，YCEの純転入率[6]が50大都市圏中上位15位以内にランクインし続けた都市圏は，ポートランド都市圏[7]とシアトル都市圏だけであったという。すなわち，1980年からの30年間，ポートランド都市圏には，他の都市圏と比較して，より多くのYCEが転入し続けたことが明らかになったのである。

Jurjevich & Schrock（2012b）はさらに，(1) 2000年，(2) 2005–07年，(3) 2008–10年の3つの時期について，YCEの雇用状況を分析した。その結果，興味深いことに，ポートランド都市圏のYCEは，どの時期においても，就職難の問題に直面していたことがわかった。Jurjevich & Schrock（2012b）は，より具体的に，ポートランド都市圏におけるYCE労働市場の4つの特徴を明らかにした。第1に，ポートランド都市圏ではYCEの失業率が高い。分析された3つの時期すべてにおいて，ポートランド都市圏のYCEの失業率は，50大都市圏の中で最高水準を維持していた。第2に，ポートランド都市圏のYCEに占めるパートタイム労働者（part-time employment）[8]の比率は全米で最も高い水準にある。2008–10年の時期において，ほぼ5人に1人はパートタイム労働者であり，10人に1人は自営業者（self-employed）であった。第3に，ポートランド都市圏のYCEは，ウェイターやウェイトレスなど，大学教育を必要としない職業（non-college occupations）に従事する比率が高い。第4に，ポートランド都市圏のYCEの平均所得は，他の大都市圏と比べて低い。2008–10年の時期において，ポートランド都市圏のYCEの平均所得は50大都市圏におけるYCE平均所得の84%にとどまっていた。

以上の分析結果に基づき，Jurjevich & Schrock（2012a, b）は，ポートランド都市圏におけるYCEが長期的に厳しい労働市場に直面しているにもか

かわらず，同都市圏に YCE が転入し続けているという興味深い現象を指摘した。そして，多くの YCE は，より良いキャリア機会を求めてポートランド都市圏に転入しているわけではない，と結論づけた。ポートランド都市圏に転入する YCE 達は，手に届く価格の住宅や，便利な公共交通，より廉価な生活コスト，活気あふれる商店街，守られている自然環境といった同都市圏の高いクオリティ・オブ・ライフを享受するためなら，他の都市圏で得られたはずのより良いキャリア機会を放棄しても構わないと考える人々であることを Jurjevich & Schrock（2012a, b）は明らかにしたのである。多くの地方都市が人口減少に悩まされる中，人口増加を続けるポートランド市は羨望の的であったことだろう。

第 2 節

「成長マシン」と「住みたい町」

　上述の Jurjevich & Schrock（2012a, b）からも明らかなように，人が自ら移住する都市を選ぶ際，移住対象となる都市に求める価値は多様化している。こうした事実は，都市の再活性化に関しても多様なモデルが存在しうることを示唆している。

第 1 項　都市が成長マシンと化している

　古典的な経済理論では，人々がある場所から別の場所へと移住する際の主なモチベーションは，より良い雇用機会の追求であるとされてきた（Graves & Linneman, 1979; Graves, 1983）。例えば，ミネソタ大学[9]の経済学者ラリー・シャスタッド（Larry Sjaastad）は，「人々の移住行為は投資行為であり，人々は移住を通じて自らの人的資源の生産性（すなわち報酬）を高める」と主張した（Sjaastad, 1962, p.83, 括弧は筆者による）。また，米国のシンクタンク「ブルッキングス研究所（Brookings Institution）」の研究者であり，トルーマン大統領のスピーチライターや元ニューヨーク州知事アヴェレル・ハリマン（Averell Harriman）の補佐官を務めたジェームズ・サンドクイスト（James Sundquist）は，その著書において次のように明言している。

人口の分布に影響を及ぼす最も重要な要因（key）は，言うまでもなく，仕事の有無である。極少ない一部の人々，例えば，リタイアした人や，アーティスト，作家，発明家といった自由業の人は，自分が暮らしたいところで生活することができるかもしれない。しかし，他の多くの人々は雇用の機会が豊富な場所で生活せざるを得ない。一部の民間企業は，余剰労働力がある場所に投資することを自ら選ぶかもしれないし，別の民間企業は，政府の補助措置に惹かれて余剰労働力のある場所に投資するかもしれない。いずれの場合も，その場所に存在する余剰労働力は別の場所に移住しなくて済む。しかし，以上のような民間投資が発生しない場合，言い換えると，仕事が労働者のいる場所に移動しない場合，生活保護受給者という生き方を選ばない限り，労働者は仕事のある場所に移住するほかない（Sundquist, 1975, p.13，強調は筆者による）。

　より良い雇用機会を求めることこそが移住を促すモチベーションとなる，という考え方は，学者だけではなく，自治体の政治家達の間でも長い間共有されていた。米国の社会学者ハーヴェイ・モロッチ（Harvey Molotch）は，政治家を中心とする米国都市のエリート達によって実施されてきた1970年代までの都市開発の特徴について，次のように述べている。

　（米国）都市のエリート達は，他の都市問題については互いに異なる意見を持つかもしれないが，都市開発の目的は成長（growth）の達成であるという点においては意見が一致している。（中略）成長を達成したか否かの最も明確な指標は，持続的な都市人口の増加である。都市のエリート達は，基幹産業の規模を拡大させることで労働力の流入を促し，それによって小売業と卸売業のさらなる発展をはかろうとする。都市のエリート達は，このような都市開発戦略により，広範囲かつ高度な土地利用や高い人口密度，活発な金融活動を実現しようとするのである（Molotch, 1976, p.310）。

　Molotch（1976）は，企業誘致によって人口増加と土地の高度利用を目指す上述のような都市開発戦略が1970年代の米国都市において広く見られたことを指摘し，都市のエリート達がこぞって成長を追求する現象を，「都市

が成長マシンと化している」と揶揄した。

第2項　都市の再活性化方法の多様化

　一方，1970年代後半，Rosen（1979）は，「米国人口サーベイ（Current Population Survey: CPS）」データを用いて，1970年米国の大都市圏における人口の移動状況を分析した。その結果，人々が都市圏間を移動する理由として，雇用機会と給与水準のみならず，環境汚染や気候，治安状況，町の混雑状況といったクオリティ・オブ・ライフ要因も重視していることを明らかにした。Rosen（1979）は，「人々は暮らしたい環境に移住する（voting with your feet）」ようになっており，住環境を選択する際には，経済的要因だけではなく，クオリティ・オブ・ライフも考慮に入れていると指摘した（Rosen, 1979, p.75）。

　1970年代終盤以降，Rosen（1979）と同様に，人々の移住先に関する意思決定に影響を及ぼす要因について分析した研究が数多く発表された。これら先行研究の結論は，以下の3点にまとめることができる。

　第1に，雇用機会の他，(a)生活コストや (b)気候，(c)多様なレクリエーションのための施設および場所の有無，(d)芸術関連の施設・活動の状況，(e)医療環境，(f)教育機関，(g)交通，(h)治安状況といったクオリティ・オブ・ライフ要因が，人々の移住先に関する意思決定に影響を及ぼしうる（Porell, 1982; Herzog & Schlottmann, 1986; Gyourko & Tracy, 1991; Kodrzycki, 2001; Rappaport, 2007）。

　第2に，年齢やライフステージ，ライフスタイル，教育水準，所得水準の違いによって，移住するかしないかの傾向が異なる。また，移住先に関する意思決定に影響を及ぼすクオリティ・オブ・ライフの要素も異なる（Mincer, 1978; Graves, 1979; Clark & Hunter, 1992; Costa & Kahn, 2000; Clark et al., 2002; Plane & Heins, 2003; Cortright, 2005; Whisler et al., 2008；Plane & Jurjevich, 2009）。例えば，Cortright（2005）によると，25-34歳の大卒以上の学歴を持つ人は，移住する傾向も起業する傾向も最も高いという。Clark et al.（2002）は，良い学校の存在が，未成年の子供を持つ家族にとって，移住先に関する意思決定を下す際に重要なファクターとなりうることを指摘した。

その一方，子供を持たない専門職業人にとって，学校というファクターはほとんど影響力がないという。後者の人々は，公園や雰囲気の良いレストランなどレクリエーションのための場所の存在や，多様な芸術施設・活動の有無を重要視している（Clark et al., 2002）。さらに，リタイアした人は，生活コストが高く，気候が温暖でない土地から，生活コストが安く，温暖な土地へと移住する傾向が強く，大都市よりも中小都市を好む（Clark & Hunter, 1992; Plane & Jurjevich, 2009）。

　第3に，1960年代以降，デモグラフィックな特徴や，職業，収入にかかわらず，人々の価値観が多様化しており，このことが移住先の選択に大きな影響を及ぼしている（Bishop & Cushing, 2009）。1990年代，米国の社会学者ポール・レイ（Paul Ray）の研究チームは，10万人以上の米国住民に対する質問票調査，および数百のフォーカスグループ・ディスカッション，約60人に対するインタビュー調査の結果に基づき，「カルチャー・クリエイティブ（Culture Creatives）」と命名された人々の存在を確認した（Ray & Anderson, 2000）。Ray & Anderson（2000）によると，1990年代後半の米国において，カルチャー・クリエイティブと呼ばれる人々は約5000万人にのぼり，全米人口の約2割に達していたという。カルチャー・クリエイティブとは，伝統的な米国社会において求められていたこと，例えば，富や物質を所有すること（making or having a lot of money, owning more stuff）や，組織または社会において昇進という階段を上ること，消費を通じて自己顕示することなどに価値を見出さない人々のことを指す。彼らはむしろ，個人の成長（personal growth）と精神的満足を重視する。また，地球環境と人類全体の幸福について強い関心を持っている（Ray & Anderson, 2000）。カルチャー・クリエイティブは，物質主義的な人とは異なる人生経験を求め，移住先を選ぶ際にも異なる要素を重視するのである（Bishop & Cushing, 2009）。

　人々の移住に関するモチベーションが多様化する中，「成長マシン」になること以外にも，多様な都市再活性化の方法が提示されるようになった。Kodrzycki（2001）は，1979-96年「米国若者生活調査（NLSY）」のデータ[10]を分析し，大卒以上の学歴を持つ米国民のうち約30％は，大学・大学院を卒業後他の州に移り住み，また，移住の約40％は雇用の増加率がより

高い州からより低い州へのものであると指摘している。たとえ雇用の増加率があまり高くなくとも，海岸において乱開発が行われず，自然環境が保護されているような州には，高学歴の若者の移住が多いという。

第3節
本書の焦点と主な主張

第1項　本書の焦点：1970年代におけるまちづくり目標と手法の変化

　本書で取り上げるポートランド市の事例は，「成長マシン」にならなくとも，都市が再活性化を遂げることが可能であることを示すものである。さらに重要なことに，同市の事例は，かつては「成長マシン」であった都市がそこから脱却し，人々が「住みたい町」へと変化することもまた可能であることを示している。都市のまちづくりプロセスにおいて，その目標と手法を変えることができるという点は，人口減少に歯止めをかけたい地方都市にとって，とりわけ重要な示唆を与えることになろう。本書は，1970年代にポートランド市で見られたまちづくりの目標と手法の変化に焦点を当てて議論を展開する。

　ポートランド市は今日，クオリティ・オブ・ライフが高い都市として世界中で賞賛されている。同市に整備された自転車道や，広い歩道のあちこちに見られるパブリックアート，ブリューパブとして再利用されている古い建物，同市を貫くウィラメット川（Willamette River）沿いの公園の光景は，様々なメディアによって頻繁に取り上げられている。しかし，実際のところ，1960年代終盤までのポートランド市は，他の多くの米国都市と同じように，連邦政府が推進する高速道路建設事業およびアーバンリニューアル事業（Urban Renewal）を積極的に実施し続けていた。また，各事業計画の作成プロセスは外部の専門家に丸投げされていた。しかし皮肉なことに，市街地を高速道路で囲み，町じゅうに多くの駐車場を作り，ダウンタウンの古い建物を取り壊しても，都市経済の振興を実現することはできなかった。それだけではなく，1970年代に入ると，ポートランド市の都心部では大気汚染問題が深刻化した。

このように当時のポートランド市は，人々が積極的に移り住むような都市ではなかったのである。図序-2 に示されたように，1950 年から 1970 年までのポートランド市の人口増加率は，1980 年代以降と比べると非常に低い水準にあった。このデータはまさに，当時のポートランド市が人々を惹きつけるような都市ではなかったことを裏付けていると言えよう。

　1970 年代は，ポートランド市のまちづくりにとってのターニングポイントであった。1970 年代を境に，市当局は，連邦政府に頼りきりのまちづくり，あるいは他の都市を模倣するだけのまちづくり手法から脱却した。自らの頭で考えて，市民や企業など私的関係者を巻き込んで議論を重ね，自分達の町の在り方を自分達で決定するまちづくりへと転換を図ったのである。結果として同市では，独自性や革新性に富んだ政策や事業計画，ユニークな実施方法が次々と案出されるようになった。数多くの事業が積み重なった結果，ポートランド市は「成長マシン」から脱して，人々が「住みたい町」へと再生を遂げることになる。

　本書は，1970 年代に見られたポートランド市のまちづくりにおける目標と手法の変化に焦点を当て，同市が「成長マシン」から脱却し，人々が「住みたい町」へと変貌を遂げていくプロセスを語るものである。

第 2 項　本書の主な主張

　「地方都市が従来のまちづくり手法から脱却することは難しい」という話はよく耳にする。本書は，ポートランド市の物語を通じて，こうした変化が可能であることを示す。と同時に，同市の変化を促した要因を以下の 2 つ，すなわち外部要因と内部要因とに分類し，それぞれの重要性を指摘する。

外部要因

　1960 年代米国社会で広がりを見せた様々な社会運動は，1970 年代ポートランド市のまちづくりの目標と手法が変化するための土壌を醸成した。こうした外部要因もまた，ポートランド市におけるまちづくりの変化に対して重要な役割を果たしたと言えるだろう。より具体的に言うと，1960 年代全米で広がった社会運動は，ポートランド市のまちづくりに対して以下の 3 つの

影響を及ぼした。すなわち，(1)革新派の政治家と専門職業人（都市計画者，建築家，弁護士など）を育て，(2)自動車交通がもたらす大気汚染の被害を一般市民に認識させ，(3)環境保護および公共交通整備を重視した連邦法の制定をもたらした。要するに，1960年代に全米で広がった多様な社会運動は，ポートランド市における新しいまちづくりに対して，(1)強力なリーダーと(2)世論の支持，(3)連邦政府による財政支援の3つを提供したのである。

内部要因

1960年代に広がりを見せた米国社会の変化は，ほとんどの米国都市が経験したものであった。しかし，まちづくりの目標と手法を変化させることに成功した都市はそれほど多くない。上述の外部要因だけではなく，ポートランド市の内部要因もまた同市の変革に対して重要な役割を果たした。ここで言う内部要因とは，(1) 1970年代初頭における市議会の世代交代と(2)新世代の政治家による新しい都市レジーム（urban regime）構築の2つである。

(1)近隣のサンフランシスコ市と比べて人種の多様性が低く，市民運動がそれほど活発ではなかったポートランド市において，1970年代に見られたまちづくりの目標と手法の変革は，ボトムアップというより，トップダウンの形で成し遂げられた。1970年代初頭，ポートランド市議会は大きく世代交代した。30代前半のニール・ゴールドシュミット（Neil Goldschmidt）市長をはじめ，革新派かつ新しい世代の市会議員が5つの市議ポストのうち4つを占めるようになった。1970年代同市がまちづくりの目標と手法を変化させる際，こうした新しい世代の政治家達が強いリーダーシップを発揮した。

(2)革新派の政治家が政権を握ると，新しいまちづくりの目標が打ち出されることはよくある。しかし，そうした新しいまちづくりが，利害関係者間の対立を乗り越え，実現にまで至るケースはそう多くない。1970年代，ポートランド市の新世代の政治家達は，新しい都市レジームの構築に成功した。このことは，同市のまちづくりにおける変革実現に大きく貢献した。

クラレンス・ストーン（Clarence Stone）はその古典ともなっている著書 *Regime Politics: Governing Atlanta, 1946–1988* において，都市レジームを次のように定義している。すなわち，都市レジームとは「都市の公的機関と私的

利害関係者が，共同で都市政策を決定し，実施するために形成するインフォーマルな協力体制」のことを指す（Stone, 1989, p.179．強調は筆者による）。都市のまちづくりは，市当局の力だけで実現できるものではない。一般市民など利害関係者の参加が不可欠である。異なる都市レジームは，異なるまちづくり目標と手法を生み出す。都市レジームはインフォーマルな協力体制であるだけに，主要なアクター（set of actors）間の協力関係をいかに構築するかが最も重要な課題であり，最も難しいタスクでもある。

　19世紀に都市として成立して以降1960年代終盤までの長い間，ポートランド市において都市レジームにかかわった主要なアクターは，市会議員に代表される政治家および大手小売企業をはじめとするダウンタウンの大手企業であった。政治家は選挙において大手企業からの支持を必要とした。一方，大手企業側は，当選した政治家が「成長マシン」を推進することを期待した。こうした政治家と大手企業間の相互依存関係（reciprocity）が，両者の協力関係の基礎を築いていた。このような政治家と大手企業連合からなる都市レジームは確かに強固なものではあった。しかし，そのレジームから生まれたまちづくりの目標と手法には，都市生活者の視点が欠けていた。結果として，1970年代初頭まで，同市の心臓部であるダウンタウンでは，生活者と歩行者の数が減り続けた。当然のことながらダウンタウンの経済は衰退の一途をたどった。

　1970年代，ポートランド市において革新派かつ新世代の政治家達が政権を握ると，都市レジームに新たなアクターが参加するようになった。すなわち，従来の政治家およびダウンタウンの大手企業に加えて，市民運動家・住区コミュニティ組織が都市レジームの主要アクターとなったのである。こうした新しいレジームにおいてアクター間の協力関係を構築することは，従来のレジームと比べるとはるかに難しかった。なぜならば，市民運動家・住区コミュニティ組織とダウンタウン大手企業の利害は対立することが多く，また，そもそも両者の間の信頼関係が破たんしていたからである。ポートランド市の新世代の政治家達は，新しい都市レジームにかかわる主要なアクター間で新たな協力関係を築くための努力を惜しまなかった。協力関係構築に向けて，新世代の政治家達が用いた手法には以下の4つの特徴が見られた。

第1に，大手企業と市民が共通して不満を感じており，緊急に解決したいと願う問題，すなわちダウンタウンの交通渋滞解消を，都市レジームが取り組むべき最初の課題に設定した。両者ともに解決を願う問題であったからこそ，彼らは積極的に対話に参加し，譲歩できるところで譲歩した。皆が共有する問題の解決策を見出すという初期目標は，都市レジームの主要なアクター達に互いに協力するインセンティブを与えたのである。

　第2に，新世代の政治家達は，1960年代までポートランド市が経験してきたダウンタウンまちづくりの失敗を正面から見据えた。そしてその失敗経験を，大手企業を説得する際の材料として活用した。都市住民の視点を欠いたまちづくりが，結果として経済の活性化をもたらしえなかったという事実は，まちづくりの目標と手法を変化させる必要性があることを大手企業に認めさせる上で十分な説得力を持っていた。

　第3に，新世代の政治家達は，町の現状について徹底的に調査し，その調査結果を主要なアクターと共有した。こうして得られた詳細なデータは，主要アクターが議論する際の共通の土台を提供した。

　第4に，新世代の政治家達は，単独の大規模事業によって町を劇的に変化させることを求めなかった。むしろ，まずは小さい事業の実施と成功を追求し，1つの成功が次の成功を導くといった積み上げ的な手法をとった。こうした小さい成功を積み重ねていくプロセスを通じて，都市レジームにかかわる主要アクターの間には徐々に信頼関係が生まれた。また，互いに対話し，交渉し，協力するための方法についても知識とノウハウが蓄積された。

　Agranoff & McGuire（2003）が指摘したように，都市レジームにかかわる主要なアクター間の協力関係は自然に生まれるものではなく，努力して構築しなければならないものである。ポートランド市のまちづくりの成功は，政治家達が利害関係者間の協力関係を構築するための努力を惜しまなかったことによるところが大きい。

　人々の移住先に関する選好が多様化するという現象は，米国だけでなく，今日の日本でも見られるようになっている。若者をはじめとして，東京などの大都市から地方都市へと移住する人が増加している。彼らは地方都市に様々な価値を見出している。こうした人々の移住先に関する選好の多様化は，

日本の地方都市の再生に新たな可能性を提供している。「地方消滅」が叫ばれて久しいが，日本の地方都市は，むしろ新たなチャンスを得ているのである。しかし，地方都市がこのチャンスをとらえるためには，これまでのまちづくりの方法，すなわちアイディアと事業計画，資金のすべてを中央省庁に頼る方法を根本的に変える必要がある。確かに，その変化を実現させるためには多くの困難がともなう。しかし，不可能ではない。事実，本書で語られるポートランド市の物語は，こうした変革が可能であることを証明している。と同時に，1つの小さい成功が次の成功を導くという変化の道筋を具体的に示している。

第4節
データ収集の方法と本書の構成

第1項　データ収集の方法

　本研究の目的は，1970年代ポートランド市のまちづくり手法に見られた変化に着目し，その変化を可能にした環境要因および変化の主要な推進者，彼らの戦略を明らかにすることにある。このような研究目的を達成するために，本研究では，同市のまちづくりに実際に参加する人々，およびその他の住民・不動産所有者に対するインタビュー調査を実施するとともに，2次データ収集の作業を行った。本書の焦点は，ポートランド市都市再生のターニングポイントである1970年代における同市のまちづくり戦略に置かれている。そのため，その時代の2次データを重点的に収集した。

　インタビュー調査は，2015年から2016年にかけて2年間実施された。調査対象となったのは，ポートランド市都市計画・サステナビリティ局（The Portland Bureau of Planning and Sustainability; BPS）および市民参加オフィス（City of Portland, Office of Neighborhood Involvement; ONI）などの市の担当者や，住区における地区振興を目的とする非営利団体の役員，ポートランド州立大学の研究者と学生，中小企業のオーナー・起業家，活動家，不動産所有者，失業者など計22人である。ポートランド州立大学の研究者に対するものを除き，他の関係者に対するインタビューの主な内容は，ポートランド

市のまちづくりや，企業経営，生活の現状に関するものである。

2次データに関しては，1940年代以降にポートランド市のまちづくりにおいて計画・実施された主要な事業について，その事業背景や主要な意思決定者，合意構築・交渉のプロセスに関するものを中心に収集した。収集されたデータは，大まかに以下の3種類に分類される。

1つ目は，ポートランド州立大学図書館の「スペシャルコレクション・大学アーカイブ室（Special Collections and University Archives）」に保管されている「アーニー・ボナー・ペーパー・コレクション（Ernie Bonner Paper Collection）」（写真 序-1）および「アーニー・ボナー・インタビュー・コレクション（Ernie Bonner Oral History Collection）」である。アーニー・ボナー（Ernie Bonner：1932年生，2004年没）は，1973年から1978年までポートランド市都市計画局（現ポートランド市都市計画・サステナビリティ局）の局長を務め，1970年代のポートランド市のまちづくりに深く関わった人物である[11]。アーニー・ボナー・ペーパー・コレクションには，1970年代か

写真●序-1　アーニー・ボナー・ペーパー・コレクション

出所：筆者撮影。

ら 1980 年代にかけてポートランド市で計画・実施された主要なまちづくり事業に関する文書が保管されている。これらの文書の中には，事業計画や関連条例といった一般に公開されている書類だけではなく，事業の計画と実施に関してやりとりされた書状，市民からの投信，会議の議事録など，未公開の文書も含まれている。筆者は，アーニー・ボナー・ペーパー・コレクションの文書資料をすべてスキャンまたは撮影して収集し，分析作業を行った。一方，アーニー・ボナー・インタビュー・コレクションは，ポートランド市のまちづくりの歴史を記録するために，1994 年から 2004 年に亡くなるまでの間，同市のまちづくりに関わったキーパーソン 82 人に対してアーニー・ボナー自身が実施したインタビュー調査の記録である。インタビューを受けたのは，ポートランド市やマルトノマ郡の官僚，活動家など様々な立場の人々であった。アーニー・ボナー・インタビュー・コレクションのうち，28 人に対するインタビューの記録が一般公開されている。このインタビュー・データは，1970 年代以降のポートランド市のまちづくりに関するものとして極めて精度が高く，網羅的なデータである。筆者は，公開されているインタビュー・データをダウンロードまたはコピーして収集し，分析した。

　本研究において収集・分析された 2 つ目の 2 次データは，ポートランド市公文書・記録センター（City of Portland Archives & Records Center: PARC）に保管されている文書および画像資料である。PARC には，ポートランド市で実施された公共事業について，事業のバックグラウンドとなる調査報告書および会議の議事録，関連する条例，事業の評価報告書，さらに関連写真が保管されている。筆者は，1940 年代から 1970 年代までにポートランド市で実施された高速道路建設事業および，1950 年代から 1960 年代にかけて実施されたアーバンリニューアル事業，1970 年代から 1980 年代にかけて策定・実施されたダウンタウン総合計画，1990 年代以降にダウンタウン周辺地区において実施された公共事業に関する文書・画像資料をコピーまたは撮影して収集し，分析を行った。

　3 つ目の 2 次データは，ポートランド市最大の地元紙 *The Oregonian* をはじめとする新聞および雑誌の記事である。マルトノマ郡図書館（Multnomah County Library）には，*The Oregonian* 紙の記事について，1861 年から今日

までのデータベースが所蔵されている。このデータベースは，約150年にわたるポートランド市の政治，経済，重要な出来事，さらに世論の動向について，詳細な情報を提供している。筆者はこのデータベースから関連する記事を収集し，分析を行った。本書は，以上のような膨大な2次データの分析および，ポートランド市の様々な社会階層・異なる立場の人々に対するインタビュー調査に基づいて執筆された。

第2項　本書の構成

　本書は8章から構成されている。序章では，本研究の目的および本書の概要，収集・分析したデータについて説明を行った。次の第1章では，ポートランド市に関するバックグラウンド情報として，同市の形成の歴史および人口，自治，産業について概説した上で，1970年代はじめまで「成長マシン」を追求していた同市のまちづくりの歴史を概観する。第1章では次の2点が明らかにされる。1つは，ポートランド市がいわゆる地方都市としての特徴を有する，という点である。すなわち，人口密度および人の多様性が低く，支店経済という産業特徴を持ち，雇用が公的機関に依存している，という特徴である。2つ目は，1970年代はじめまで，ポートランド市のまちづくりの方法は経済成長ばかりを追求するものであり，外部専門家に任せきりにされていた，という点である。

　1970年代は，ポートランド市のまちづくりの歴史におけるターニングポイントである。今日ポートランド市民が享受している高いクオリティ・オブ・ライフの基礎は，この時期に築かれたといっても過言ではない。第2章と第3章では，1970年代同市のまちづくりに見られた変化のメカニズムを明らかにする。第2章では，このような変化を可能にした環境条件として，1960年代の米国社会の変化，およびポートランド市議会の世代交代について説明する。続く第3章では，1970年代から1980年代前半にかけて，ポートランド市ダウンタウン総合計画が策定・実施されたプロセスについて明らかにする。ダウンタウンの再生は，ポートランド市のまちづくりが経験した最初の大きな成功である。1970年代以降，ポートランド市の新しい世代の政治家と専門家達は，強力なリーダーシップを発揮するとともに，大手企業

や市民の中に賛同者を見つけ，世論の支持を得ようと努力した。さらに，連邦補助金など活用できる資源をフル活用することで，ダウンタウンの再生を成し遂げたのである。

　ポートランド市のまちづくりは漸進的なプロセスであった。1つの成功が次の成功をもたらした。同市のダウンタウンが再生を遂げたことで，民間企業は，ダウンタウンだけではなく，その周辺地区に対する投資意欲をも高めた。第4章では，ポートランド市ダウンタウンの周辺地区が変貌を遂げた代表的な例として，パールディストリクト（Pearl District）の事例を取り上げる。1980年代後半，隣接するダウンタウンが再生を遂げたことにより，それまで倉庫や工場の集積地であったパールディストリクトは，民間の不動産業者が熱い視線を送る投資先となった。民間の不動産業者はパールディストリクトにおいて，かつて工場や倉庫であった建物を次々と買い取り，高級集合住宅または商業施設・オフィスへと改造した。結果として，パールディストリクトは，かつての倉庫・工場の集積地から，ポートランド屈指の高級住宅街および人気の観光地へと変貌を遂げた。

　ポートランド市のダウンタウンの再生は，高級住宅街・観光地パールディストリクトの誕生のみをもたらした訳ではない。活気あふれる中小製造企業・卸売企業の集積地「セントラルイースト工業地区（Central Eastside Industrial District: CEID地区）」のさらなる発展をも促した。1970年代までのCEID地区は，パールディストリクトと並び，ダウンタウンにほど近い工業・物流中心であった。1980年代，CEID地区の地元関係者達は，パールディストリクトの変化を目の当たりにしながら，そのまちづくりを真似ようとはしなかった。むしろ，ダウンタウンに近いという好立地を生かし，中小企業の集積を維持するという独自のまちづくり方針を定めたのである。第5章と第6章では，1970年代終盤以降米国で見られるようになった製造業の空洞化，および近年高まりを見せるメーカームーブメントの発展を説明する。その上で，CEID地区の関係者達およびポートランド市当局が，当該地区を中小企業の集積地かつ重要な雇用先として維持してきた取り組みについて説明する。

　第5章では，市当局の政策に焦点を当て，次の2点を指摘する。1つは，

数少ない大手企業・工場に経済が依存する地方都市において，競争力のある中小企業を育成することは，都市経済の健全な発展にとって重要である，という点である。もう1つは，安い不動産価格が，中小企業，とりわけものづくりベンチャーの発展に極めて重要であり，ゾーニング規制などの土地利用規制は不動産価格の上昇を抑制するという意味で有効である，という点である。

第6章では，CEID地区の起業家達に焦点を当てる。メーカー・スペース（Maker Space），すなわち会員制オープンアクセス型のDIY工房について，CEID地区の代表的な企業であるADXの事例をもとに説明する。CEID地区の起業家達は，公的機関の経済的支援に頼り切ることをしない。むしろ，自ら革新的なビジネスを展開することによって，ものづくりベンチャーの発展可能性を世に示すと同時に，新たなベンチャーの誕生を促進しようとしているのである。

終章では，ポートランド市が「成長マシン」から脱却して，人々が「住みたい町」へとまちづくりの手法を変化させることができた要因についてまとめる。その上で，同市の経験が日本の地方都市の再生に与える示唆を述べる。

第1章

「成長マシン」としての歴史

It took downtown Portland almost thirty years to shake off
the shadow of Robert Moses.

ポートランド市のダウンタウンが，
ロバート・モーゼスがつくった都市計画による悪影響を払拭するのに，
実に30年もの月日がかかった。
（Abbot, 1983, p.207）

はじめに

　今日，ポートランド市は，独自性と革新性に富んだまちづくり政策によって，クオリティ・オブ・ライフの高い都市として，全米でも有名な存在となっている。しかし，同市のまちづくりの手法は，最初から一貫してこのような形であった訳ではない。製造業が大きく発展することがなかった同市において，1970年代はじめまで市当局は，他の米国都市の政治家・官僚と同じように，連邦政府が推進した高速道路建設とアーバンリニューアル事業を実施することで雇用創出と経済発展を図ろうとした。さらに興味深いことに，ポートランド市当局と市民は，他の米国都市以上に，都市計画づくりを外部専門家任せにしていた（Abbott, 1983）。しかし，皮肉なことに，都心部を囲む環状高速道路を完成させ，大規模なアーバンリニューアル事業を実施したにもかかわらず，第二次世界大戦後から1970年代はじめまで，ポートランド市都心部における人口と小売業の売上は減少の一途をたどった。それだけではなく，自動車交通量が多いポートランド市都心部では大気汚染が深刻化した。言うまでもなく，この時期のポートランド市は，人々が積極的に移り住むような都市ではなかった。

　本章では，まず，ポートランド市に関するバックグラウンドの情報として，同市の形成の歴史および都市としての特徴を概説する。その上で，1970年

代はじめまでの，「成長マシン」であった頃のポートランド市まちづくりの歴史を概観する。本章の構成は次の通りである。第1節と第2節では，ポートランド市の形成の歴史および，人口と自治，産業の特徴を概説する。第3節では，1940年代から1970年代初めまで，同市において実施された高速道路建設事業について説明する。第4節では，1950年代から1960年代にかけて同市で実施されたアーバンリニューアル事業について述べる。最後に，ポートランド市が実施した高速道路建設とアーバンリニューアル事業が同市の経済と生活環境，人口変化に及ぼした影響をまとめる。

第1節
都市形成の歴史

第1項　都市形成の歴史

　ポートランド市の都市計画について多くの著作を記した都市計画史家カール・アボット（Carl Abbott）は，同市を「リバー・シティ（River City）」と呼んだ（Abbott, 1983）。この愛称からも分かるように，同市の産業と社会の発展は，同市の中心を流れる川の存在から大きな影響を受けてきた。図1-1は，1891年ポートランド市の地図を示したものである。コロンビア川（Columbia River）とウィラメット川の合流地点に立地するポートランドは，市街地を縦断するウィラメット川によって東側と西側とに分けられている。ポートランドの町としての発展は，ウィラメット川の西岸沿いで始まった。1851年，ポートランドは市制を敷いてポートランド市となった。これは，オレゴン州内においてオレゴン市（Oregon City）に次いで2番目に早い市制の施行であった。ただし，1851年時点のポートランド市の範囲は今日の同市の一部分に過ぎず，ウィラメット川西側の一部地域に限られていた。

　一方，ウィラメット川の東側（イースト・ポートランド）は，1860年代終盤から開始された鉄道の建設によって発展した。1870年，イースト・ポートランドは市制を敷いてイースト・ポートランド市（City of East Portland）となった。1887年，ウィラメット川の東側と西側をつなぐ最初の橋としてモリソン・ブリッジ（Morrison Bridge）が開通した。また，1890年にはウィ

ラメット川の東側と西側を結ぶ路面電車の運行が始まり,ウィラメット川の東側において住宅および商業施設,工業施設の開発がさらに活発化した。

　1891年ポートランド市は,イースト・ポートランド市および,その北部にあるアルビナ市(City of Albina:1887年に市制を施行)を併合した。図1-1は,1891年併合後のポートランド市の姿である。その後さらに何度かの合併を経て,1915年ポートランド市の土地面積は,今日の同市土地面積の約8割に達した。こうしたポートランド市の発展経緯により,ポートランド市のダウンタウンと中心業務地区は,今日もなおウィラメット川の西側(南西)に立地している。そこは昔から一貫して同市において最も地価が高い場所であり続けている。一方,ウィラメット川の東側には住宅街が広がる。物

図●1-1　1891年ポートランド市の地図

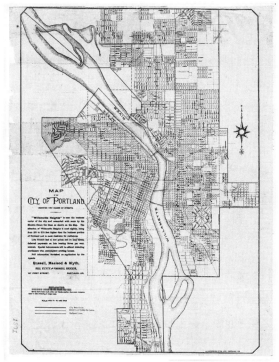

注：1.　地図中央を南北に流れる川がウィラメット川である。
　　2.　小さいブロックで構成される碁盤目状の町の様子が見られる。
出所：Oregon Historical Society, #bb008462.

第1章　「成長マシン」としての歴史　　23

流地区と工業地区も多く,地価が比較的安く抑えられている。

　町の形成の初期段階から,ポートランド市の主要産業は商業と物流であった。オレゴン州は,総面積に森林が占める割合が大きく,また,コロンビア川とその支流ウィラメット川沿いの平野には豊かな土地が広がっている。19世紀後半から第二次世界大戦勃発までの間,オレゴン州の経済はもっぱら農業と林業に依存していた。ポートランド市は,オレゴン州産の木材や小麦粉,果物をカリフォルニア州や東海岸の諸都市,さらにアジア諸国に輸出し,また,カリフォルニア州や米国東海岸の都市で製造された工業製品をオレゴン州に買い入れる貿易都市として栄えた。

第2項　小さいブロック：米国都市の憧れの対象

　都市形成初期におけるポートランド市の産業の特徴は,同市の街並みに大きな影響を及ぼした。ポートランドの町は,一辺の長さが200フィート（61m）の正方形から成る小さいブロックと,幅が60フィート（18m）または80フィート（24m）しかない狭い道路から成る碁盤目状に設計された。図1-1の1891年ポートランド市地図には,こうした碁盤目状の街並みがはっきりと表されている。実は,このようなポートランド市特有の小さなブロックは,土地投機を目的として作られたものである。街区が整備された当時,ポートランド市における主要産業は商業であり,建物の多くは商業用物件であった。そのため,角地物件の人気が根強く,不動産価格も高かった。大地主や不動産開発業者は,より多くの角地物件を作り出すべく,1ブロックの大きさを,長さと幅それぞれ200フィートという小さな規格に設定したのである。

　ポートランド市特有の小さいブロックは,今なお同市内に数多く残されている。それは,今日におけるポートランド市の高いクオリティ・オブ・ライフを支える重要な構成要素となっている。と同時に,スーパー・ブロックと呼ばれるような大街区が多い他の米国都市の都市計画者達にとっての,憧れの対象でもある。Jacobs（1961/1992）が指摘したように,スーパー・ブロックの存在は,人々の歩く意欲をくじき,小売業やサービス業,とりわけ中小企業の発展にマイナスの影響を及ぼす。その結果,スーパー・ブロックによっ

て構成されるストリートは衰退の一途をたどるという（Jacobs, 1961/1992）。一方，ポートランド市に残る小さいブロックの利点は，ただ歩行者にとって歩きやすいということだけにとどまらない。1ブロックに建てられる建物の大きさが制限されるため，歩行者を威圧するような規模にはならない。また，それぞれのブロックに異なる特徴や異なる用途の建物が建てられることで，街の多様性と魅力が増す。このことは，人々のストリート利用を促進し，賑やかな街を作り出すことにもつながっている。このような魅力あふれる小さなブロックが，もともとは不動産投機のために整備されたものであるというのは面白い話である。

第2節
人口・自治・産業の特徴

第1項　人口の特徴

　ポートランド市に住む人々と，同市近隣の2つの都市，シアトル市とサンフランシスコ市に住む人々とを比較すると，ポートランド市の人口構成には地方都市としての特徴が顕著に表れていることが分かる。

　表1-1は，2010年ポートランド市と，同市近隣の大都市であるシアトル市およびサンフランシスコ市の人口の特徴を比較したものである。この表に示されるように，ポートランド市は，3つの都市のうち面積が最も大きいものの，人口が最も少なく，人口密度が低い。また，サンフランシスコ市やシアトル市と比べて，ポートランド市は人口に占める非ヒスパニック系・非ラテン系白人（white alone, not Hispanic or Latino：以下，白人と略記）の比率が非常に高く，外国生まれの人口の比率が低い。したがって，ポートランド市の人口の多様性は低いことが分かる。2009年，ポートランド市最大の地元紙 *The Oregonian* は，米国初のアフリカ系米国人大統領が誕生するなど米国社会が大きく変化する中，次のような記事を掲載し，ポートランド市における人種多様性の低さに警鐘を鳴らした。「ポートランド都市圏の人種の多様性はソルトレーク市（Salt Lake City）以上に乏しい。ポートランド都市圏は，全米において，人種の多様性が最も欠けている都市圏の1つである」[1]。

表●1-1 人口の特徴について,ポートランド市,シアトル市,およびサンフランシスコ市の比較（2010年）

人口の特徴	ポートランド市	シアトル市	サンフランシスコ市
人口（千人）　　　　　　　［土地面積（km²）］	583.8［345.4］	608.7［217.3］	805.2［121.3］
人口密度（人/km²）	1,690	2,801	6,636
人種（％）　非ヒスパニック系・非ラテン系白人	72.2	66.3	41.9
ブラック・アフリカ系米国人	6.3	7.9	6.1
アジア系米国人	7.1	13.8	33.3
ヒスパニック系米国人[1]	9.4	6.6	15.1
その他[2]	6.2	6.3	5.6
外国生まれの人口の比率（％）[3]	14.0	18.0	35.5
25歳以上の人口のうち,大卒以上の学歴を持つ人口の比率（％）[3]	44.4	57.9	52.9
世帯年収の中央値（2014年ドル）[3]	53,230	67,365	78,378
1人あたりの年間収入（2014年ドル）[3]	32,438	44,167	49,986
連邦貧困水準以下の人口の比率（％）	18.3	14.0	13.3

注：1. ヒスパニック系米国人には様々な人種が含まれるため,該当する他の人種にも二重に計上されている場合がある。
　　2. その他には,ネイティブアメリカンとアラスカ先住民,ハワイアンおよびその他太平洋諸島の先住民,さらに複数の人種を祖先に持つ人々が含まれる。
　　3. 2010年から2014年までの平均値。
出所：U.S. Census QuickFacts により筆者作成。

一方,住民の教育水準と収入について見てみると,ポートランド市のそれらは,シアトル市とサンフランシスコ市をはるかに下回っていることが分かる。さらに,シアトル市やサンフランシスコ市と比べて,ポートランド市は,連邦貧困水準以下の人口の比率が高い。

上述のように,米国国勢調査のデータには,ポートランド市の人口の特徴が顕著に表れている。すなわち,人の多様性に乏しく,国際化があまり進んでおらず,所得水準も高くないという,いわゆる地方都市特有の特徴である。

第2項　自治の特徴

人の多様性に乏しいポートランド市では,自治体のリーダー達の人種的多様性も低い。さらに政治家に占める女性の割合も低い。1851年,ポートランドが市政を敷いたことにともない,同市初の憲章（Portland City Charter）

が制定された。その後数回にわたる改正の後，1913年の憲章改正において，市長と市会議員から構成されるコミッション（commission）の導入が決まった（MacColl, 1976; Lansing, 2005）。ポートランド市では，今日もなお，このコミッションという自治体の組織形態が採用されている。米国の大都市において，同市のようなコミッション制を維持する自治体は数少ない。

今日，ポートランド市のコミッションには，市長および4人の専業コミッショナー（commissioners）が属しており，彼ら5人が市議会（city council）を構成している。ポートランド市では，市長および4人のコミッショナー，監査役（auditor）の計6人が選挙によって選ばれる。彼らは，市内全域を対象にして行われるノンパルチザン選挙（所属政党を前提とせず，政党の存在を否認した形の選挙[2]）で選出され，その任期は4年間と定められている。米国の他の地方自治体とは異なり，ポートランドのコミッショナーには，立法権および行政権，準司法権が付与されている。ポートランド市の市議会は，市の予算や市政に関する法律・規制を審議し，票決を行う（立法権）。票決の際，市長と4人のコミッショナーは同等の1票を持ち，市長には拒否権が与えられていない。市長とコミッショナーは市役所の各部門の行政官でもあり，市議会で可決された政策が市の担当部局できちんと実施されているかどうか監督する役割を果たしている（行政権）。市長は，それぞれのコミッショナーが管轄する部門を決定し，また，それを変更することができる。さらに市長とコミッショナーは，土地利用などに関する上訴を審理する権限を持っている（準司法権）。

一方，1902年に成立したオレゴン州およびポートランド市の法律により，ポートランド市民には発議権（initiative）と住民投票権（referendum）が与えられている。すなわち，市民は一定の署名を集めた上で，新しい法律の制定，または市憲章・法律の改正を提案することができる（Lansing, 2005）。その提案内容は有権者による住民投票に直接かけられ，過半数の賛成票を得られれば提案がそのまま法律として効力を持つ。さらに，1913年ポートランド市憲章の改正により，市当局が市債を発行する際には，有権者による住民投票にかけることが義務付けられた。その後数回の改正を経て，現在の市憲章は，ポートランド市当局による市債の発行について次のように規定して

いる。事業実施後に生じる財産税収（property tax revenue）の増加分を返済財源として発行する市債，および下水道建設のために発行する市債を除き，他の市債の発行は，市憲章や法律により承認されるか，または住民投票で過半数の賛成を得なければならない。市民に発議権と住民投票権が与えられていること，また，市債発行に際して住民投票が義務付けられていることは，ポートランド市の都市開発の在り方にも大きな影響を及ぼしてきた。

1960年代以降，多くの米国大都市では，市政府の要職に就く女性や人種的マイノリティの数が大きく増加している。そのような中，ポートランド市議会は，The Oregonian 紙によって「ボーイズ・クラブ（Boys Club）」と揶揄されたように，長期にわたり男性，厳密にいえば白人男性によって支配されてきた[3]。その状況は今日も大きく変わってはいない。実際，市制が敷かれた1851年以降2016年までの間に，ポートランド市会議員を務めた女性はわずか7人であった（そのうち3人は市長）。一方，同期間にポートランド市会議員を務めた男性の人数は350人を超える。また，1851年から2016年までに，ポートランド市会議員を務めたアフリカ系米国人はたった2人しかおらず，白人以外の市長はいまだ誕生していない。

では，ポートランド市の近隣都市サンフランシスコ市とシアトル市の自治ではどうか。それについて見てみよう。サンフランシスコ市では，アフリカ系米国人のウィリー・ブラウン（Willie Brown）が1996年から2期8年間にわたって市長を務めた。また，現在2期目を務めるエドウィン・リー（Edwin Lee）現市長も中国系米国人である。人口に占める白人の比率が比較的高いシアトル市においてさえ，1926年には同市初の女性市長としてバーサ・ランデス（Bertha Landes）市長が誕生している（ポートランド市初の女性市長ドロシー・リー（Dorothy Lee）が就任したのは1949年のことであった）。また，アフリカ系米国人のノーマン・ライス（Norman Rice）は1990年から2期8年間シアトル市長を務めた。このように，既に国際都市として確固たる地位を築いているサンフランシスコ市や，国際都市を目指して躍進を遂げるシアトル市とは異なり，ポートランド市には，白人男性が市政を支配するという伝統がいまだ根強く残っている。この点にも，ポートランド市の地方都市としての特徴が顕著に表れていると言えよう。

第3項　産業の特徴

　Drennan（1992）が指摘したように，米国都市の経済を理解するためには，分析単位を都市（city）ではなく，都市圏（metropolitan area）とするのが適切である。Drennan（1992）の指摘通り，ポートランド市の経済は，ポートランド都市圏内の他の地区の産業と密接に関係している。

　ポートランド都市圏は，オレゴン州に立地する5つの郡（counties）および，ワシントン州に立地する2つの郡の，計7つの郡から構成されている。その中心都市はオレゴン州ポートランド市である（図1-2）[4]。オレゴン州に属する5つの郡は，(1)中心都市ポートランド市が立地するマルトノマ郡（Multnomah County）と(2)ワシントン郡（Washington County）[5]，(3)クラカマス郡（Clackamas County），(4)ヤムヒル郡（Yamhill County），(5)コロンビア郡（Columbia County）であり，ワシントン州に属する2つの郡は，(6)クラーク郡（Clark County）と(7)スカマニア郡（Skamania County）である。

　表1-2は，2013年産業別被雇用者数構成比について，マルトノマ郡およびポートランド都市圏，全米平均の比較を示したものである。データを入手

図●1-2　ポートランド都市圏を構成する7つの郡の位置

出所：Metro, Metromap により筆者作成。

第1章　「成長マシン」としての歴史　　**29**

できなかったため,ポートランド市単独の産業別被雇用者数構成比を示すことはできない。しかし,マルトノマ郡の人口の約8割がポートランド市に居住しており,同郡内の企業の立地がポートランド市に集中していることを考えると,マルトノマ郡の産業構造をポートランド市のそれと見なしても大きな誤差は生じないだろう。表1-2に示されるように,マルトノマ郡とポートランド都市圏の産業構造は,全米平均とほぼ類似している。被雇用者構成比が最も高いのは(1)医療・社会福祉サービス業,および(2)宿泊業・飲食業,(3)小売業,(4)製造業であり,これらの産業に従事する人々は同都市圏の被雇用者の約半分を占めている。

ポートランド都市圏およびポートランド市の経済・産業には,次の2点に

表●1-2 2013年産業別被雇用者数の構成比について——マルトノマ郡およびポートランド都市圏,全米の比較 (単位:％)

産　業	マルトノマ郡	ポートランド都市圏	全米
医療・社会福祉サービス業	15.0	14.2	15.7
宿泊業,飲食業	11.2	9.9	10.5
小売業	10.0	11.9	12.7
製造業	8.3	10.7	9.5
専門サービス・科学技術サービス業	7.9	7.4	7.0
卸売業	5.9	6.7	5.0
施設管理運営業・廃棄物処理・矯正施設管理	5.7	6.4	8.6
輸送業・倉庫	5.3	3.5	3.6
金融・保険業	5.0	4.7	5.1
その他サービス（公共管理を除く）	4.6	4.4	4.5
建設業	4.4	5.5	4.6
持ち株会社	4.3	4.2	2.6
教育サービス	4.0	3.0	3.0
情報産業	3.0	3.0	2.8
不動産業	2.4	2.1	1.7
その他	3.0	2.4	3.1

注:1. マルトノマ郡の被雇用者数構成比が高い産業順。
　 2. その他には,芸術・エンターテイメント・レクリエーション,電気・水道などのユーティリティ産業,農業,林業,漁業,銃猟業,鉱業,採石業,石油・天然ガス採掘業,いずれにも分類されない産業が含まれる。
　 3. 四捨五入のため,構成比の合計は必ずしも100にならない。
出所:U.S. Census Bureau, *2013 County Business Patterns, 2013 MSA Business Patterns* (*NAICS*) により筆者作成。

おいて地方都市の特徴が顕著に現れている。1つは，ポートランド都市圏・ポートランド市には，大手企業の本社の数が非常に少ないという点である。2015年7月，ポートランド都市圏に本社を置くフォーチュン500企業はわずかに2社，すなわちスポーツウエア・シューズメーカーのナイキ（Nike Inc.：本社はビーバートン市）と金属加工メーカーのプレシジョン・キャストパーツ（Precision Castparts Corp.）のみであった。しかも，これら2社のうちプレシジョン・キャストパーツは，2016年1月に投資家ウォーレン・バフェット（Warren Buffett）が率いる持株会社バークシャー・ハサウェイ社（Berkshire Hathaway Inc.：本社はネブラスカ州オマハ市）によって買収されており，ポートランド都市圏に本社を置く大手企業は，現在ナイキ1社だけとなっている。

　一方，シアトル都市圏を見ると，主要都市シアトル市だけでも5社ものフォーチュン500企業が本社を置いている。これらの5社は伝統的な百貨店ノードストローム（Nordstrom, Inc.）および通信販売会社アマゾン，グローバル物流企業エクスペディターズ（Expeditors International of Washington, Inc.），スターバックス，アラスカエアラインであり，業種や歴史の側面で多岐にわたっている。中心都市に加えて，シアトル都市圏のベルビュー市（City of Bellevue）には，トラックメーカーであるパッカー（PACCAR Inc.）とオンライン旅行予約会社エクスペディアの本社が立地している。サンフランシスコ都市圏における大企業の立地状況は，シアトル都市圏以上に，ポートランド都市圏と対照的なものとなっている。サンフランシスコ都市圏の中心都市であるサンフランシスコ市には，大手銀行ウェルズ・ファーゴ（Wells Fargo & Co.）の本社をはじめ，大手医薬品卸売企業を含む6つのフォーチュン500企業の本社が立地しており，同都市圏が米国における金融業とサービス業の中心地であることを内外に示している。

　ポートランド市の経済に見られる地方都市としてのもう1つの特徴は，同市の経済が，数少ない産業と企業，とりわけ当該都市圏内に本社を置かない企業および公共機関に依存しているという点である。表1-3は，2015年ポートランド都市圏内において従業員数が最も多い10の企業・団体を示したものである。この表に示されるように，ポートランド都市圏の雇用においては，

表●1-3　ポートランド都市圏における従業員数が多い企業・団体（上位10位，2015年）

企業名（英文名）	業　種	本社・本部所在都市	全従業員数（人）	ポートランド都市圏 従業員数（人）	設立年
インテル（Intel）	コンピュータハードウェア製造	カリフォルニア州サンタクララ市	106,700	18,600	1974
プロビデンス・ヘルス・アンド・サービス（Providence Health & Services）	病院と医療サービス	ワシントン州レントン市	76,329	16,139	1856
オレゴン保健科学大学（Oregon Health & Science University）	公立大学，医療センター	オレゴン州ポートランド市	14,990	14,963	1887
カイザー・パーマネンテ・ノースウエスト（Kaiser Permanente Northwest）	病院と医療サービス	オレゴン州ポートランド市	174,415	11,898	1945
フレッド・メイヤー（Fred Meyer）	小売業：食料品店	オハイオ州シンシナティ市	NA	10,813	1922
レガシー・ヘルス・システム（Legacy Health System）	病院と医療サービス	オレゴン州ポートランド市	8,700	8,700	1875
ナイキ（Nike）	スポーツウェアと靴のデザイン・製造	オレゴン州ビーバートン市	56,500	8,500	1968
ポートランド公立学校（Portland Public Schools）	公立幼稚園，小・中・高等学校	オレゴン州ポートランド市	6,135	6,135	1851
マルトノマ郡庁（Multnomah County）	地方政府機関	オレゴン州ポートランド市	5,995	5,995	1854
ポートランド市役所（City of Portland）	地方政府機関	オレゴン州ポートランド市	5,481	5,481	1851

出所：Portland Business Journal（2015）により筆者作成。

公的機関（地方政府機関や公立学校，大学）が占める比率が高く，また，その他の主要な雇用先はインテルとナイキ，フレッド・メイヤーという3つの民間企業および病院に集中している。主要な民間企業3社のうち，最大の雇用先であるインテルと5番目に大きい雇用先であるフレッド・メイヤーは，その本社をポートランド都市圏内はおろかオレゴン州内にさえも置いていな

い。

　このように，ポートランド都市圏の経済・産業には，「支店経済」および「雇用が公的機関に依存する」という地方都市の特徴が顕著に表れている。しかも，ポートランド都市圏の雇用先として重要な位置を占める大手企業またはその工場は，ポートランド市内ではなく，同市より西のワシントン郡に立地している。ポートランド市当局は，他の地方都市と同じように，雇用創出という難題に常に直面しているのである。

第3節
高速道路の建設

　ポートランド市のまちづくりは，1970年代に大きな変化を経験した。それ以前，すなわち1970年代以前のポートランド市当局は，他の米国都市と同じように，高速道路こそが都市経済の発展に最も重要なインフラであると認識し，その建設に積極的に取り組んでいた。

第1項　高速道路「ハーバードライブ」の建設

　ポートランド市における高速道路の建設は，1940年に開始された。第一次世界大戦後，米国では自動車が急速に普及した。また，1920年代，米国西海岸を南北に縦断する高速道路 U.S. 99号線と，大陸を東西に横断する高速道路 U.S. 30号線が建設された。ポートランド市は，これら2本の主要高速道路の合流地点に位置する。そのため，物流の中枢としての同市の地位はより一層強化されることとなった。一方，ポートランド市内の道路は常に混雑するようになり，駐車場不足も深刻化した。1930年代に入ると，ポートランド市におけるウォーターフロントの空き地のほとんどは駐車場となった。こうした流れに沿う形で，1940年，市内に高速道路を建設することを盛り込んだ「フロント・アベニュー・プロジェクト（Front Avenue Project）」が，ポートランド市の有権者投票によって可決された（Ashbaugh, 1987）。

　フロント・アベニュー・プロジェクトは，ウィラメット川の西岸に立地する79の建物と住宅を取り壊し（Lansing, 2005），西岸沿いの主要道路であるフロント・アベニューを拡幅した上で，ウィラメット川の防潮堤のすぐ脇に

写真●1-1　拡幅されたフロント・アベニューと新たに建設されたハーバードライブ
　　　　（1944年）

注：写真左手を走る広い道路はフロント・アベニューであり，写真右奥をフロント・アベニューと平行する形
　　で走る道路がハーバードライブである。フロント・アベニューの左側に映っている街区がダウンタウンで
　　あり，歩行者にとってダウンタウンから川辺にアクセスすることがいかに困難であったかが分かる。
出所：Oregon Historical Society, #bb014320.

6車線の高速道路「ハーバードライブ（Harbor Drive）」を建設するというものであった。1940年に開始された同プロジェクトは，1943年の高速道路完成をもって終了した（写真1-1）[6]。高速道路ハーバードライブが建設されたことで，ウィラメット川西岸を自動車で南北に走行する分には大変便利になった。しかしその一方，高速道路によってウォーターフロント地区はダウンタウン地区から切り離された。高速道路を横断しない限り，人々がウォーターフロントにアクセスすることができなくなったのである。

第2項　世界大戦とポートランド市のまちづくり

　第二次世界大戦後，ポートランド市当局は，高速道路の建設を一層積極的

に推進した。こうした公共事業によって，市当局は雇用創出と経済発展を図ろうとしたのである。第二次世界大戦以前，商業と物流の中心として栄えたポートランド市では，製造業が大きく発展することはなかった。しかも，同市の製造業はもっぱら木材加工に依存していた。第一次世界大戦中には，ポートランド市内にも造船所が設立された。しかし戦争が終わると，それらの造船所のほとんどは閉鎖された。造船所から解雇された約5万人の元従業員達の雇用先確保が，当時のポートランド市にとって大きな課題としてのしかかった。こうした苦い経験は，ポートランド市の政治家や企業家などのエリート市民に強い印象を残した。そして，第二次世界大戦中から戦後にかけて，彼らの手によって実施された同市の経済政策とまちづくり政策の策定にも大きな影響を及ぼすこととなる。

　第二次世界大戦の勃発とともに，まるで第一次世界大戦期の歴史を繰り返すかのように，ポートランド都市圏にはまたもや造船所が設立された。これらの造船所のうち，ポートランド都市圏の経済に最も大きな影響を与えたのは，ヘンリー・カイザー建設会社（Henry J. Kaiser Company）の創業者であるヘンリー・カイザーが設立した3つの造船所であった。1944年1月，カイザーが設立した3つの造船所で働く従業員は約9万人に上り，そのうち戦時中オレゴン州以外の州からポートランド都市圏に移住してきた人は8割を超えた（PAPDC, 1944b）。

　ポートランド市の政治家とエリート達は，戦後の雇用問題を大いに憂慮した。というのも，第一次世界大戦後の高い失業率と深刻な経済不況が，苦い経験として彼らの記憶に色濃く刻まれていたからである。彼らは第二次世界大戦後に同様の現象が起こることを恐れた。早くも1943年2月，戦後における雇用と経済発展に関する問題を検討することを目的として，市長アール・ライリー（Earl Riley）の指示の下「ポートランド地区戦後発展委員会（Portland Area Postwar Development Committee: PAPDC）」が設立された。同委員会は，ポートランド市会議員であり，同市の都市計画と公共事業を所管していたウィリアム・ボウズ（William Bowes）が，全47人のメンバーを集めて設立したものである。PAPDCの47人のメンバーには，不動産業者で市商工会議所の会頭を務めていたデイビッド・シンプソン（David

Simpson）委員長をはじめ，市当局の代表者，連邦機関の代表者，銀行・大手小売企業・鉄道事業者・電力会社の代表者，地元大手新聞社，労働組合などの代表者が含まれていた。1943年から1944年にかけて，PAPDCは，ポートランド都市圏の雇用の現状と戦後予測について，複数のレポートをまとめた。これらのレポートによる指摘は，以下の2点に集約される。

　第1に，第二次世界大戦前，ポートランド都市圏・ポートランド市は，商業を主要産業としていた。しかし戦時中に造船受注が増えたことで，製造業の被雇用者数が大きく増加した。PAPDCがまとめた「雇用報告I（*Employment Report I*）」によると，太平洋戦争勃発直前の1940年，ポートランド都市圏の被雇用者数は16万1000人であり，そのうち製造業で働いていた人の数は3万1000人に過ぎなかった（PAPDC, 1944a）[7]。しかし，1944年1月になると，カイザーの3つの造船所で働く従業員だけでも9万人にのぼり（PAPDC, 1944b），この数は1940年ポートランド都市圏全体の製造業被雇用者の約3倍に匹敵した。

　第2に，造船業の発展によって大きく増加した製造業従事者の多くが戦後失業する可能性があることから，終戦直後ポートランド都市圏の失業者数は7万人にまで達することが予想された[8]。これは1940年ポートランド都市圏の全被雇用者の約半分を占める数である（PAPDC, 1944b）。

　こうした認識に基づき，PAPDCは，元来製造業が発展してこなかったポートランド都市圏・ポートランド市において，公共事業を実施することこそが，戦後の雇用促進と経済発展を図る最も有効な手段であると考えた（City of Portland, Oregon, 1963）。

第3項　ロバート・モーゼスとポートランド市都心部の環状高速道路

　戦後のインフラ整備・公共事業計画案を作成するにあたり，PAPDCは外部の専門家に全ての仕事を委託した。1943年，PAPDCは，ポートランド市および同市教育委員会，マルトノマ郡，ポートランド港，造船所管理委員会（Docks Commission）を説得して，ニューヨーク市の公共事業責任者であったロバート・モーゼス（Robert Moses）をコンサルタントとして雇いいれた。その際，モーゼスには10万ドルという高額のコンサルティング料が支払わ

れたという（City of Portland, Oregon, 1963）。モーゼスは，後の1950年代，ニューヨーク市のワシントンスクエア公園内を通る自動車道路の建設，さらに市内の伝統的な住宅街・商店街の取り壊し事業を計画したことで，『アメリカ大都市の死と生（*The Death and Life of Great American Cities*）』の著者で都市計画学者でもあるジェイン・ジェイコブズ（Jane Jacobs）が率いる地元住民グループと激しく対立した人物である（Flint, 2009/2011）。1943年9月，モーゼスと彼が率いるプランニング・チームがポートランド市に到着した。そして，11月までのたった2カ月間で，「ポートランド・インプルーブメント（Portland Improvement）」と名付けられた計画書を完成させた。同計画書では，総建設費（土地取得費は含まず）6000万ドル，終戦後の2年間で約

写真●1-2 ポートランド市の都心部を囲む環状高速道路（1973年）

注：写真中央に見える環状高速道路は，ポートランド市のダウンタウンとウォーターフロントを囲む高速道路である。ダウンタウンの西境界を走る高速道路がI-405号線であり，ウィラメット川東岸の高速道路がI-5号線である。環状高速道路上，南の橋はマルクアム・ブリッジ（Marquam Bridge）であり，北の橋はフレモント・ブリッジ（Fremont Bridge）である。
出所：Oregon Historical Society, #bb014310.

第1章 「成長マシン」としての歴史　*37*

2万人分もの雇用を創出する大規模な公共事業が提案された（Moses, 1943）。

ポートランド・インプルーブメントでは，主に4つのタイプの公共事業が計画された。そのうち最も重要なものの1つは，「ポートランド幹線建設事業（Portland Arterial Program）」であった[9]。同事業は，ポートランド市の都心部を囲むような環状高速道路を建設するものであり，予想された建設費だけで2000万ドルにも達する大型事業であった。モーゼスによるポートランド・インプルーブメントの完成を受けて，PAPDCは同計画案を支持する意見を表明した。

第二次大戦終結後から1970年代はじめにかけて，ポートランド市当局とオレゴン州高速道路委員会は，モーゼスによって提示された公共事業計画を積極的に実施した。そして，1963年までの間に，計画されていた事業の過半数が完成した（City of Portland, Oregon, 1963; Abbott, 1983）。また，都心部を囲む環状高速道路，すなわちインターステート405号線（I-405）とインターステート5号線（I-5）の建設は1960年代から開始され，1973年に全線が開通した（写真1-2）。

こうしたポートランド市における環状高速道路の建設について，ポートランド州立大学のカール・アボット教授は，ポートランド市の地元紙 *The Portland Mercury* のインタビューに答えて次のようにコメントしている。

> 第二次大戦後から1970年代初めまでの間，ポートランド市の交通政策の基本方針は，もっぱら自動車移動の利便性をはかることにあった。都心の交通問題を解消するために，1960年代から70年代にかけて都心環状高速道路が建設された。このような手法は，1950年代アメリカにおいて最も一般的な手法であり，そこに革新性は皆無であった（*The Portland Mercury*, August 5, 2015）[10]。

第4節
サウスオーディトリアム・アーバンリニューアル事業
伝統住区を取り壊す

今日のポートランド市において，公共交通や自転車道で結ばれた数々の伝

統的な住区は，同市の高いクオリティ・オブ・ライフの象徴ともなっている。しかし，1970年代はじめまで，ポートランド市で実施された交通システムの整備事業は，自動車道とりわけ高速道路の建設のみに集中していた。それだけではなく，市街地の伝統的な住区は「荒廃地区（blighted areas）」とみなされ，1950年代から1960年代にかけて実施されたアーバンリニューアル事業によって大規模に取り壊された。

第1項　アーバンリニューアル事業

　アーバンリニューアル事業は，「1949年住宅法（Housing Act of 1949）」に基づいて開始された事業である。連邦政府はこの事業を通じて主要都市経済の再活性化を目指した。事業の実施者は地方自治体であり，その内容は次の通りである。土地収用権（eminent domain）を州から授権された地方自治体が，都市内の荒廃した地区の土地を収用し，建物を撤去し，敷地を民間デベロッパー・公的機関に売却またはリースする。敷地を取得または賃借したデベロッパー・公的機関が再開発事業を実施する。また，連邦政府はアーバンリニューアル事業に対して補助金や融資などの金融支援を行う。1954年の住宅法改正（Housing Act of 1954）では，荒廃地区の再生手段として，従来の再開発事業に加えて，既存の建物の修復（rehabilitation）が事業内容に追加された（Foard & Fefferman, 1966）。

　1949年にアーバンリニューアル事業が開始されると，中心市街地を再活性化する絶好のチャンスとして，多くの地方自治体が同事業を推進した。1959年までにほぼすべての大都市と多くの中小都市が，約700の中心市街地の調査計画および再建計画を公表した（Frieden & Sagalyn, 1991）。ポートランド市もまた，これらの都市の1つであった。ポートランド市において，造船によってもたらされた戦時中の好景気は1948年には完全に過去のものとなっており，1958年の失業率は7%にまで達していた（Abbott, 1983）。市当局は，アーバンリニューアル事業を活用することで雇用を創出し，都市経済を再活性化しようとしたのである（Wollner et al., 2001）。

第2項　サウスオーディトリアム・アーバンリニューアル事業

　1951年，オレゴン州議会は，連邦政府が推進したアーバンリニューアル事業を実施するべく，自治体公共住宅機関による荒廃地区の収用および建物の撤去，地区の再開発を許可する旨の法律を通過させた。1955年，ポートランド市においても「アーバンリニューアルに関する市長の諮問委員会（Mayor's Advisory Committee on Urban Renewal: MACOUR）」が設立された。MACOURは，ポートランド市の南ダウンタウンに位置するサウス・ポートランド地区（South Portland）の北部における83.5エーカー（33万7925㎡）に及ぶ広い範囲をアーバンリニューアル事業の実施地域に指定するとの提案を市議会に提出した（サウスオーディトリアム・アーバンリニューアル事業）[11]。

　事業の実施地域として指定されたサウスオーディトリアム地区は，古くからイタリア系アメリカ人やユダヤ人移民が多く居住する地区であった。地区の建物の約半分は1902年以前に建てられたものであり，残りの半分は1902年から1932年までに建てられたものであった（Portland City Planning Commission, 1957）。地区内には，ユダヤ人移民の文化を表現するような様々な建物があった。すなわち，ユダヤ人住宅やコーシャ商店街，ユダヤ教の礼拝堂，ユダヤ人コミュニティセンターなどである。1957年にアーバンリニューアル事業が実施される以前，当該地区には470の家族が居住しており（うち421は白人家庭），その約4割は低所得家庭であった（Portland City Planning Commission, 1957）。

　1957年5月，ポートランド市計画委員会は，サウスオーディトリアム・アーバンリニューアル事業計画案を作成した。1958年6月，市議会は修正された事業計画案を承認し，同年12月連邦住宅金融庁（Federal Housing and Home Finance Agency: HHFA）も同案を承認した。事業計画案のポイントは以下の2点にまとめられる。第1に，サウスオーディトリアム地区の既存の建物のうち，20%は住宅基準を満たしており，28%は小さい修繕のみが必要とされたにもかかわらず，事業計画案ではすべての建物を取り壊すことが推奨された。市計画委員会は，サウスオーディトリアム地区を「市の

負債（an economic liability）」と称した上で,「当該地区にサービスを提供するためのコストは同地区から徴収される税金をはるかに上回っている」と事業計画案に記した（Portland City Planning Commission, 1957, Introductory Notes）。第2に，既存の建物を取り壊した後，当該地区に公共住宅を建てることはせず，商業用地および軽工業用地として再開発することが提案された（Portland City Planning Commission, 1957）。

サウスオーディトリアム・アーバンリニューアル事業計画作成中の1957年，オレゴン州議会は「改正アーバンリニューアル法」を施行した。この法律により，自治体は自らアーバンリニューアル事業の計画・実施機関となるか，またはそのための機関を新たに設立するかを選択できるようになった。この法律の下，1958年5月，ポートランド市議会は,同市のアーバンリニューアル事業の計画・実施機関としてポートランド市開発局（Portland Development Commission: PDC）を設立する旨の市憲章改正案を有権者投票にかけた。この法案は賛成5万6904票，反対5万3963票の僅差で辛くも可決された（City Club of Portland (Portland, Or.), 1971）。こうして設立されたPDCは，ポートランド市におけるアーバンリニューアル事業の計画・実施機関として，今日もなお存在している。

1962年以降，PDCは，サウスオーディトリアム・アーバンリニューアル事業の実施地域にあった既存の建物のほとんどを取り壊し（写真1-3），道路の拡幅および電線類の地中化を実現させた（Portland Development Commission, 1983a）。1963年になると，PDCは，事業の実施地域を北側25.8エーカー（10万4413㎡）分さらに拡大した。広大な空き地となったサウスオーディトリアム地区では，1960年代以降，オフィスビル（公的機関および民間企業が入居）や公会堂（オーディトリアム），小売施設，富裕層向けの高層マンション，公園などが次々と開発された。

サウスオーディトリアム・アーバンリニューアル事業に投入された事業費（土地取得費および住民・企業の再配置費，インフラ整備費から土地売却収入を除いた費用）は約1560万ドルにのぼった（City Club of Portland (Portland, Or.), 1971）。その3分の2は連邦補助金によって賄われ，3分の1は地元ポートランド市が負担した（Portland Development Commission,

写真●1-3　サウスオーディトリアム・アーバンリニューアル事業の用地（1964年）

注：写真中央よりやや上部に見られる古い公会堂（オーディトリアム）から南に位置する多くのブロックの建物が完全に取り壊された。
出所：Oregon Historical Society, #bb014345.

1983b）。PDCは地元負担分の資金を調達するために，TIF（tax increment financing）を活用した。TIFとは，特定地域の再開発事業について，事業実施後に生じる財産税収の増加分を返済財源として，資金調達を行う手法である[12]。

　サウスオーディトリアム・アーバンリニューアル事業の実施にともない，1573人の住民が立ち退きを，232の企業が移転または廃業を余儀なくされた[13]。同住区に新たに建設されたマンションの販売価格は2万6130ドルから11万3830ドルであり（City Club of Portland（Portland, Or.), 1971），1970年アメリカの家族収入中央値が9870ドルであったことを考えると（Bureau of the Census, 1971），高齢者や低所得者が多いサウスオーディトリアム地区の元住民に支払えるような価格帯ではなかった。PDCにおいて住

民の他地域への移転作業を担当した責任者ジョイ・オブライエン（Joy O'Brien）は，立ち退きを要求された高齢住民の生活について，次のようなコメントを残している。

> 立ち退きを迫られた高齢者のほとんどは，人生最後の時を迎えるまで，サウスオーディトリアム地区の自宅で生活するつもりでいた。彼らの収入額は確かに少なかったかもしれないが，実際には快適に暮らしていたし，少なくとも生活費を賄うことはできていた。中略。他の地区へと移転させられたことで，彼らは日常的に付き合っていたすべての友人・知人から離れ離れにされた。中略。とくに，ユダヤ人やイタリア系の高齢不動産所有者にとって，サウスオーディトリアム・アーバンリニューアル事業は，自分達の文化が守られていたはずの住区の消滅を意味したことであろう（City Club of Portland (Portland, Or.), 1971, p.37）。

第3項　アーバンリニューアル事業の影響

　サウスオーディトリアム・アーバンリニューアル事業がポートランド市の経済や景観，市民生活に与えた影響に関しては，現在もなおその評価が分かれている。PDC自身を含めて，事業の価値を高く評価する人々は，同事業が雇用の創出と税収の増加に寄与した点，さらに，同事業によって公園や広い歩道といった質の高い公共スペースがつくられた点を強調している。これら公共スペースの一例として，PDCの初代委員長（chairman）であり，14年もの長きにわたり同ポストに就任し続けたイラ・ケラー（Ira Keller）の名前がつけられたケラー・ファウンテン・パーク（Keller Fountain Park）を挙げることができる（写真1-4）。サンフランシスコの景観・建築デザイン会社ローレンス・ハルプリン社（Lawrence Halprin and Associates）によって設計されたこの公園には，「イラのファウンテン（Ira's Fountain）」と命名された噴水広場を中心に多くの木々が植えられている。夏場子供達や大人達が噴水広場で遊ぶイメージ画像は，PDCの宣伝資料としてもしばしば用いられている。

　しかし実際には，高層オフィスビルや公会堂に囲まれたこの公園に，日中，

人の姿はほとんどない（写真1-4）。住宅街を取り壊して作られたこの広くて美しい公園は、まさにジェイン・ジェイコブズがその名著『アメリカ大都市の死と生』で描いたように、「公園に子供がおらず、正気な母親は子供1人ではその公園に行かせない」ような場所となっている（Jacobs 1961/1992, p.94）。「アメリカの都市において、なぜ公園に人がおらず、なぜ人がいる場所に公園がないのか」というジェイコブズの批判は（Jacobs, 1961/1992, p.95）、ケラー・ファウンテン・パークに当てはまらなくもない[14]。

一方、サウスオーディトリアム・アーバンリニューアル事業に対する批判は、伝統的な住区を徹底的に取り壊し、地域が持つ歴史を完全に抹殺した点に集中している。このような地域破壊は、当該地区の住民、とりわけ高齢者の生活に多大な負担と苦痛を強いただけでなく、中小企業の経営にも大きな打撃を与えた。加えて、ポートランド市の景観にもマイナスの影響を及ぼした。今日、サウスオーディトリアム地区を歩く人が目にするのは、世界中ど

写真●1-4　ケラー・ファウンテン・パーク（2016年5月）

注：5月の晴れた金曜日であったにもかかわらず、公園にはほとんど人がいなかった。
出所：筆者撮影。

の都市でも見られるようなオフィスビルや公会堂，高層マンションである。もともとはユダヤ系移民の文化を体現する住宅・商店街・コミュニティ施設が立ち並ぶ地域であったことなど，おそらく誰も想像すらできないであろう。このように，1950年代から60年代にかけてのポートランド市は，全米の多くの諸都市と同じように，市街地の伝統的な住区を荒廃地区あるいは都市経済の足かせと見なし，個性的な街並みを破壊した。そうすることで，「規格化された景観（standardised landscapes）」をつくりあげたのである（Relph, 1976）。

アーバンリニューアル事業による取り壊しを免れたサウス・ポートランド地区の南半分の地域は，現在レイアヒル住区（Lair Hill）と呼ばれ，そこには古い住宅街が残されている（写真1-5）。レイアヒル住区は，高速道路によって都心部から切り離されており，その意味では便利な場所であるとは言い難い。しかしその一方，同住区に残された歴史的住宅や街路，活気あふれる小

写真●1-5　レイアヒル住区（2016年5月）

注：写真左奥には高架高速道路が，また，高速道路のさらに奥にはダウンタウンの高層ビルが見える。この高速道路により，レイアヒル住区はダウンタウンから切り離されている。
出所：筆者撮影。

売店，カフェ，レストランは，様々な年齢層の中産階級家庭を惹きつけている。レイアヒル住区は，現在ポートランド市の住区の中でも高い人気を誇る場所である。1950年代から60年代にかけて，ポートランド市当局によって荒廃地区あるいは都市経済の足かせとみなされていた伝統的な住区は，今日むしろ同市の高いクオリティ・オブ・ライフの象徴となっているのである。

おわりに

　今日のポートランド市は，独自性と革新性に富んだまちづくり政策によって，クオリティ・オブ・ライフの高い都市として全米に名をはせている。しかし，1970年代はじめまで，同市のまちづくりは，人々の生活ではなく，むしろ経済発展と雇用創出だけを重視したものであった。この時期のポートランド市は，当時多くの米国都市がそうであったように，Molotch (1976) が揶揄したところの「成長マシン」であったと言えよう。ポートランド市のまちづくりに大きな影響を及ぼした第二次世界大戦直後のインフラ整備・公共事業計画は，巨額のコンサルティング料を支払って雇った外部の専門家が作成したものであった。当然のことながら，実施された事業の中身は，当時の多くの米国諸都市が実施したものと変わり映えのしないものであった。

　皮肉なことに，他の都市と同じようなまちづくりを実施したポートランド市は，その成果に関してもまた，他の都市と同じような結果しか得られなかった。すなわち，都心部の衰退に歯止めをかけることができなかったのである。1971年にポートランド市計画委員会がまとめた調査報告書によると，ポートランド市都心部における賃貸オフィスの面積は，1940年から1960年までの間に毎年3万平方フィート（2787㎡）増加し，1960年から1971年までは毎年19万平方フィート（1万7652㎡）も増加した。また，1970年，都心部における駐車スペースは2万台を超え，都心部にアクセスする平日1日当たりの自動車の数は1960年の7万6000台から1970年の10万5000台へと38.2%も増加した。しかし，その一方で，都心部に立地する主要な小売集積地区の売上は，1948年から1967年まで減少し続け，1958年以降その減少率はさらに大きくなった。さらに，1940年に3万1987人であった都心部住民の人口は，1950年に2万8099人，1960年に1万9807人，

1970年に1万3811人と減少の一途をたどった（Portland City Planning Commission *et al.*, 1971）。

　都市経済の再活性化に失敗しただけでなく，自動車交通量の増加によって，ポートランド市都心部は深刻な大気汚染に見舞われた。1967年から1971年にかけて，コロンビア・ウィラメット大気環境局（Columbia-Willamette Air Pollution Authority: C-WAPA）は[15]，ポートランド市の都心部に位置する7つの地点において，大気汚染のデータを収集した。1971年に公表された報告書「ポートランド市のダウンタウンの大気状況（*Technical Report No.71-3; Air Quality Aspects of Downtown Portland*）」によると，ポートランド市の都心部における大気中の浮遊粒子状物質濃度および粒子状物質濃度はC-WAPAの基準値を超えており，光化学オキシダント濃度についてもポートランド都市圏内で最も高かったという（Portland City Planning Commission *et al.*, 1971）。同報告書は，自動車交通量を減らしてポートランド市都心部の大気状況を改善しなければならないことを勧告した（Portland City Planning Commission *et al.*, 1971）。

　ポートランド市において，独自性と革新性を持つ都市計画が策定されるようになったのは，1970年代以降のことである。第2章以降では，ポートランド市において，まちづくり手法が変化を遂げていくストーリーを語ることにしたい。

第2章

「成長マシン」を脱するための土壌
1960年代米国社会の変化

> [W]hat did all the uprisings of the Sixties accomplish?
> The principle of direct citizen action has become normal.
> No one is surprised or scandalized to see a demonstration anymore.
>
> 1960年代の反乱は米国社会に何をもたらしたのか。
> 直接行動主義が広く世間に受け入れられるようになり、
> デモを見て驚いたり呆れたりする人がいなくなった。
> (Gitlin, 1993, p.xv, p.xxi.)

はじめに

　1970年代，ポートランド市のまちづくり手法は変化し始める。ただし，その変化は，突発的に生じたものではない。1960年代に米国社会全体に広がった変化が，1970年代以降ポートランド市のまちづくりに変化をもたらすような土壌を醸成したのである。

　1950年代は，人々が伝統的な秩序に従順な時代であった。人々が体制に対して異議を唱えることもなく，まさにサイレントの時代であった（Halberstam, 1993）。しかし，1960年代に入ると状況は一変した。1960年代，米国社会に存在する様々な問題を暴露する書籍が刊行され，ベストセラーとなった。また活動家達は，座り込みで抗議を行ったり，首都ワシントンやそれぞれの州でデモ集会を開くなど，直接行動（direct action）の手法を頻繁に用いるようになった。活動家達による直接行動は，この時期，テレビ報道の中心テーマの1つであった。これらのベストセラーやマスメディアによる連日の報道は，米国の一般市民の意識，さらには連邦政策の在り方に大きな影響を及ぼした。

　1960年代，米国全土で様々な社会運動が発生する中，ポートランド市は必ずしも運動の先頭に立つような都市ではなかった。しかし，諸運動から影

響を受け，ポートランド市内の社会が少しずつ変化していたことは確かである。このような社会の変化が，1970年代，同市において新しいまちづくりの方針が打ち出され，さらに新しい方針に関する合意が形成されるための土壌を形成したと言えよう。

　本章では，1960年代に見られた全米およびポートランド市における社会の変化を，都市計画・まちづくりに焦点を当てて説明する。本章の構成は次の通りである。第1節では，1960年代全米で広がりを見せた社会運動について概説した上で，諸運動が一般市民の意識に与えた影響を明らかにする。第2節では，1960年代にジェイン・ジェイコブズが行った活動やその他の環境保護運動が，都市計画・まちづくりに対して及ぼした影響について説明する。第3節と第4節では，ポートランド市にフォーカスし，社会運動の動きを論じる。第3節では，1960年代同市で発生したカウンター・カルチャー・ムーブメントと環境保護運動について説明する。その上で，市政における市民参加や，まちづくりに関する市民の意識変化に対して，これらの活動が及ぼした影響を明らかにする。第4節では，1960年代末に生じたポートランド市会議員の世代交代について解説し，都市計画・まちづくりに関して，同市の政治家達の考え方に変化が生じたことを指摘する。そして最後に，本章をまとめる。

第1節
サイレントから不服従へ

　米国の歴史家・ジャーナリストであるデイヴィッド・ハルバースタム（David Halberstam）は，その著書『ザ・フィフティーズ（*The Fifties*)』において，1950年代の米国とその国民の姿を次のように描写している。

> 1950年代は，人々が伝統的な秩序に従順で，異議を唱えることをしない時代であった。中略。大恐慌と第二次世界大戦という人々の心に大きな傷を残した時代を経験した米国人は，戦後になると，社会や政治における自由より，経済的な豊かさを追求するようになった。若い米国人達は，急増する中産階級への仲間入りを望み，物質的な豊かさ，とりわけ安定した職業がもた

らす物資の豊富さを求めた。復員軍人援護法（G. I. Bill）のおかげで大学を卒業でき，希望にあふれた若い復員軍人達にとって，安全と安心（security）とは，福利厚生の手厚い大手企業においてホワイトカラーの仕事を得，結婚し，子供をもうけ，郊外に一軒家を買うことであった。中略。1950年代は，伝統的な権力システムが維持されていた時代であった。政治とビジネス，メディアを取り仕切っていたのは，主に19世紀生まれの男性であった。中略。1950年代のアメリカ人は従順であり，もっぱら物資の豊かさを追求していたため，後にその時代に対して批判的な立場をとる評論家達に「サイレント」世代と呼ばれた（Halberstam, 1993, pp.x-xi）。

　体制に対して服従し，異議を唱えないという特徴は，1950年代のまちづくりに関する人々の態度においてもまた同様に見られた。戦後，米国では，1949年に連邦住宅法が，1956年に連邦補助高速道路法（Federal-Aid Highway Act of 1956）が相次いで施行された。これらの法律が促進しようとしたのは，郊外の住宅開発および都市部の古い住区の撤去，高速道路の建設であった。これらの法律の下で，自治体の都市計画者達は，高速道路あるいは自動車交通の利便性を図るための事業や，古い住区を取り壊して高層ビルを建てるアーバンリニューアル事業に許可を与えるとともに，それに伴う自然破壊を容認した。これらの開発・再開発事業は，多くの場合，既存の権力集団の主観的な認識や政治的な目的に基づいて計画・実施されたものであった。にもかかわらず，こういった真実は，都市計画者が公平で客観的な専門家であるという通説や，すべては公共利益のためであるとの大義名分によってカモフラージュされた（Wheeler & Beatley, 2009）。これらの事業の多くは，住民の立ち退きやコミュニティの消滅，中小企業の倒産など，多大な人的犠牲をもたらした。その一方で，ニューヨークやサンフランシスコなどごく少数の都市を除き，事業に対して大規模かつ組織的な住民反対運動が起こることはなかった。

　しかし，1960年代に入り，米国社会は大きな変化の時を迎えた。1965年，20歳以下，すなわち戦後生まれの米国人が全人口の41％を占めるようになった（Farber, 1994）。1960年代はじめから，米国の政治や社会，経済に存在

する諸問題を告発する内容の書籍が相次いで刊行され，ベストセラーとなった[1]。その先陣を切ったのは，1961年に出版されたジェイン・ジェイコブズの『アメリカ大都市の死と生（*The Death and Life of Great American Cities*）』（以下，『死と生』と略記）である。第2節で詳細に説明するが，この本は，専門家と崇められる都市計画者達が，実は都市住民の生活やニーズに対して全く無関心であること，また，彼らが策定・実施した計画や事業が都市と住区の再生に役立っていないことを詳らかにした。『死と生』が出版された翌年の1962年には，レイチェル・カーソン（Rachel Carson）の『沈黙の春（*Silent Spring*）』が刊行された。この本は，化学薬品の乱用が地球環境に及ぼした破壊，さらに人類にもたらした危険を描いたものであり，アメリカにおける環境保護運動の発生を導いた。同年，マイケル・ハリントン（Michael Harrington）の『もう一つのアメリカ―合衆国の貧困（*The Other America: Poverty in the United States*）』も刊行された。この本は，米国の貧困層の生活の様子や，彼らを貧困に追いやった社会的な要因を明らかにし，後にリンドン・ジョンソン政権が打ち出した「貧困撲滅（War on Poverty）」政策に影響を及ぼした。1963年，ベティ・フリーダン（Betty Friedan）の『新しい女性の創造（*The Feminine Mystique*）』が刊行された。この本は，ビジネスや文化における男性優位を指摘するとともに，家庭における主婦達の我慢し難い退屈な日々といった問題を浮き彫りにした。続いて1965年，ラルフ・ネーダー（Ralph Nader）は，『どんなスピードでも自動車は危険だ（*Unsafe at Any Speed*）』を出版し，メーカーが安全設計の自動車を大衆に提供する義務を平然と怠り続けた事実を暴露した。この本がきっかけとなり，消費者保護運動が活発化した。

　これらの本はいずれも，難しい専門用語を使わず，また，抽象的な議論ではなく，事実究明を目的とした報道的な手法を用いたことから（Flint, 2009/2011），一般のアメリカ人に広く読まれることとなった。これらの本がベストセラーになったことで，それまで政治家や専門家しか語らなかった都市計画や環境問題，経済政策といったトピックが，一般の人々の間でも議論の対象となった。また，政治家および専門家，大手企業など，既存の権力者に対する疑義が一般市民の間に芽生えたのである（Flint, 2009/2011）。

社会問題に焦点を当てた書籍がベストセラーになったことに加えて，1960年代は米国において様々な社会運動が産声をあげた時代でもあった。人種的マイノリティの公民権運動を皮切りに，フェミニズム運動，ベトナム戦争反戦運動，環境保護運動が相次いで発生した。絶え間のないデモや市街地の炎上，警察官とデモ隊の衝突が1960年代という時代の特徴であった（Anderson, 1995）。全米各地の様々な社会階層における社会運動の広がりには，テレビが果たした役割が大きい。Anderson（1995）が描いたように，銃と警棒を持った警官が消火用ホースや催涙ガスでデモ参加者を攻撃するシーンや，怯えるデモ参加者に巨大な警察犬が今にも嚙みつかんとしているシーンが，そのままテレビに映し出された。郊外の心地よいマイホームのリビングでこのような光景を目にした中産階級達は，「これは人間がやることではない（Unhuman）」と非難し，政府に対する信頼と希望を一気に失った（Anderson, 1995, p.115）。彼らの子供達もまた，学校で教えられたことが嘘だったということに気付き始めた（Anderson, 1995）。もちろん，これらの中産階級市民は，当時の社会において必ずしも差別され弾圧された人々ではなかった。しかし，テレビ報道を通じて，彼らの間にも権力集団に対する不信と反感，社会運動に対する同情が芽生えた。そうして彼らは，直接行動の抗議手段を受け入れるようになったのである。Gitlin（1993）が指摘したように，1960年代を経験した後の米国では，「座り込み抗議を行ったり，首都ワシントンで抗議集会を開くことが，ごく日常的なこと（everyday events）になった」（Gitlin, 1993, p.xxi）。

第2節

都市計画・再開発に対する市民の反発

　他の社会運動と同じように，1960年代，戦後の都市計画・再開発に対する市民の反対運動が大都市を中心に広がった。これらの市民運動を直接的に促進する役割を果たしたのが，ジェイン・ジェイコブズの活動および環境保護運動である。

第1項　ジェイン・ジェイコブズとロバート・モーゼスの闘い

　現代の都市計画に関する議論に大きな影響を及ぼした1人は，言うまでもなく，ジェイン・ジェイコブズである。彼女は，その名著だけでなく，活動家として行ったラディカルな市民運動によってもまた，広く社会に影響を与えた。実は，ジェイコブズ自身は都市計画に関して正式な教育を受けたことがない。彼女は『死と生』を執筆する前，建築雑誌『アーキテクチュラル・フォーラム（*Architectural Forum*）』の編集者であった。第二次世界大戦後，中産階級の多くが郊外に居を構える中，ジェイコブズ夫妻は，そのような流れとは逆行する形で，マンハッタンのダウンタウンに立地するグリニッジヴィレッジ住区で古いアパートを買い取った。ジェイコブズ夫妻はそのアパートを自ら修繕し，そこで3人の子供と共に暮らしていた。ジェイコブズは，『死と生』を出版する前から，古い住区の保存を訴える市民運動の活動家として，ニューヨーク市でその名を知られていた。そして彼女が対抗した相手こそ，他でもなく，当時の米国において最強の権力を持つ都市計画・公共事業関連分野の官僚であり（Caro, 1974/1975），ニューヨーク市公園局長の任にあったロバート・モーゼスであった。モーゼスは，ポートランド市の戦後インフラ整備・公共事業計画「ポートランド・インプルーブメント」をつくった人物でもある。

　1888年米国の上流階級家庭に生まれたモーゼスは，イェール大学を卒業した後，オックスフォード大学に留学し，25歳の時にコロンビア大学で政治学博士号を取得した。1934年にニューヨーク州知事選に立候補し惨敗したものの，生涯官僚として権力を思うがままに振るった。彼は，ニューヨーク州公園局長やニューヨーク市公園局長，ニューヨーク市道路工事の最高責任者，住宅供給とアーバンリニューアル部局のトップ，ニューヨーク周辺の高速道路を管理する特別委員会の委員長，トライボローブリッジ＆トンネル公社の総裁などの要職を歴任した。1960年代まで，13の橋，2本のトンネル，637マイル（1025km）にも及ぶ高速道路，658カ所の運動場・遊び場，10カ所の公営プール，17の州立公園などの建設事業責任者を務めた（Flint, 2009/2011）。「マスタービルダー」と呼ばれたモーゼスは，その絶大な権力

を駆使してニューヨークの街をつくり変えた。

そのような権力者モーゼスに挑んだのは，当時一雑誌の編集者に過ぎず，3児の母としてニューヨーク市でごく普通の生活を営んでいたジェイコブズであった。彼女とモーゼスの最初の闘いは，ジェイコブズの住居近くのワシントンスクエア・パークを分断する道路事業計画をめぐって繰り広げられた。この公園は，マンハッタンの有名な通りである5番街（Fifth Avenue）の終点にあたり，ジェイコブズの子供達を含め，近隣住区に住む子供達に遊び場として親しまれていた。1952年，モーゼスは，マンハッタンにおける自動車交通の利便性を図るために，ワシントンスクエア・パークを貫通する道路を建設し，5番街を延伸するという事業計画を提案した。この計画案に対して，近隣住区の住民が反対運動を起こした。無論ジェイコブズもこの運動に参加した。5年以上にもわたる市民による反対運動によって，1958年，モーゼスが提案した事業計画案は取り消された。

ジェイコブズとモーゼスの闘いはここで終わらなかった。1956年連邦補助高速道路法が通過したことを受けて，モーゼスは早速，ローメックス（LOMEX），すなわちロウアーマンハッタン高速道路を建設する事業計画案を提出した[2]。この計画案は，10車線の高架高速道路を建設することを目指していた。道路の基礎を建設するために，今日「ソーホー（SOHO）」と呼ばれている住区や，近隣のイタリア系移民の住区「リトルイタリア（Little Italy）」，チャイナタウンなどの住区に存在した416もの建物を取り壊し，同地区の2200世帯，365の小売店舗，480のその他商業施設を立ち退かせる内容であった（Flint, 2009/2011）。1959年に開かれたニューヨーク市都市計画委員会の公聴会において，当該地区の商人や中小企業のオーナー達は同計画案に反対する立場を明確に表明した。しかし翌年の1960年，モーゼスは，ソーホー地区が工業地区として既に衰退していることを理由にあげ，高速道路を建設する上で，当該地区こそが最適な場所であると主張した。1962年，ジェイコブズは住民反対運動組織「ロウアーマンハッタン高速道路建設阻止委員会（Joint Committee to Stop the Lower Manhattan Expressway）」の共同議長に指名された。その後彼女は，著名な建築評論家ルイス・マンフォード（Lewis Mumford）をはじめ，ニューヨークの建築家団体や高速道路建設に

反対する芸術家団体，さらにマスコミを味方につけた。また，デモ行進をも組織し，1962年末，一時的にではあるが，市当局に事業を中止させることに成功した。

ところが1965年，ニューヨーク市長ロバート・ワグナー（Robert Wagner）は，計画を復活させる旨の声明を発表した。ワグナー市長は，事業予算額の約9割が連邦補助金によって賄われるローメックス事業こそ，ニューヨーク市の経済発展のために不可欠であるとの信念を持っていた。計画案の復活にともない，モーゼスおよびダウンタウンの実業家達は，ソーホー地区がいかに荒廃した地区であるか，またどれほどまでにマンハッタンの経済的足かせになっているかを，市民やマスメディアに向けて積極的に宣伝した。しかしその後，全米において歴史的建造物の保存運動が広がりを見せると，ソーホー地区に存在する歴史的建造物を取り壊すことに対して，ニューヨーク市民の反感が高まり始めた。さらに，1965年11月のニューヨーク市長選で，ローメックス建設に反対するジョン・リンゼイ（John Lindsay）が当選を果たした。そのため，ローメックス計画は再び一時的に中止された。

しかし，市長に就任したリンゼイは，彼の前任者と同じように，連邦補助金で賄われる高速道路建設事業がニューヨーク市の雇用創出と経済発展に必要であるとの判断から，またもやローメックス計画を復活させた。その後の5年間，ロウアーマンハッタン高速道路建設阻止委員会は，さらなる反対運動を続けた。その間の1968年には，ニューヨーク州運輸局が招集した公聴会の場でジェイコブズが逮捕されるという事件さえ発生した。ベストセラー『死と生』の著者ジェイコブズが逮捕されたとのニュースは，たちまち各種マスメディアの報道で取り上げられ，そのことがかえって市民反対運動の追い風となった。1971年，ニューヨーク州知事ネルソン・ロックフェラー（Nelson Rockefeller）は，ローメックス事業を州間高速道路補助金適格リストから外した。これをもって，ローメックス計画は永遠に封印されることとなった。

ローメックス計画をめぐる長年にわたる闘いによって，高速道路建設および古い住区の撤去と，都市の経済発展との間の関係性について，既存の支配集団と市民運動家との間で意見の対立があることがはっきりと示された。皮

肉なことに，当時政治家やダウンタウンの実業家達からマンハッタンの経済的足かせとして揶揄され，取り壊しが計画されていたソーホー地区は，今日，全米で最も地価の高い地区の1つとなり，同市の経済をけん引する役割を担っている。一方，モーゼスが夢見たような，マンハッタンの上空を縦横無尽に走る高架高速道路の建設が実現を見ずに終わったことは，ニューヨーク市の経済にむしろプラスの影響を及ぼしたと言えよう。

第2項　『アメリカ大都市の死と生』

　ジェイコブズは市民運動家として活動しながら，1961年に『死と生』を出版した。この本の中でジェイコブズは，自らの市民反対運動の経験に基づき，都市計画者と権力者が主導する形で実施される都市計画・再開発の在り方を激しく批判した。『死と生』の冒頭においてジェイコブズは，「この本は現在の都市計画・再開発に対する挑戦」であり，「近代的で正統派の都市計画・再開発の原理と，その目標に対する挑戦」であると宣言した（Jacobs, 1961/1992, p.3）。同書籍の出版社であるランダムハウス社は，「都市計画者が我々の都市を破壊している！」という衝撃的な見出しをつけた広告を新聞に掲載した（Flint, 2009/2011, p.121）。『死と生』が刊行された際，ランダムハウス社はモーゼスに同書籍を献本したが，モーゼスは短い手紙を添えてそれを同社に送り返したという。手紙の中でモーゼスは，『死と生』について「言葉遣いが乱暴（intemperate）であるだけではなく，中傷的（libelous）でもある」とコメントした（Epstein, 2011, p.xviii）。手紙の最後には「このがらくた（junk）を誰かほかの人に売ってください」と書かれており（Epstein, 2011, p.xviii），モーゼスが怒りを隠さなかったことが分かる。

　『死と生』の中でジェイコブズは，都市計画者達の姿勢を痛烈に批判した。都市計画者達は「都市が実際にどう機能しているかを観察しようともせず」，ただひたすら「都市がどう機能すべきか，都市内で活動する人や企業にとって何が最良のはずかという点に関して，近代的・正統派の都市計画・再開発理論の教えを一生懸命勉強しているに過ぎない」というのである（Jacobs, 1961/1992, p.8，強調は原文による）。そして，都市計画者がつくった計画が住民のニーズとかい離している事実を明らかにした。そのことを端的に表す

事例として，ジェイコブズは，自らが居住するマンハッタンのグリニッジヴィレッジ住区や，ボストンのノースエンド住区（North End）などを挙げている。

『死と生』によると，1950年代末，ボストンのノースエンド住区は，ボストン市当局によって「最悪のスラム街であり，市の恥である（Boston's worst slum and civic shame）」と決めつけられたという（Jacobs, 1961/1992, p.8）。たしかにノースエンドには労働者階級が多く暮らし，狭い路地には工場なども立地していた。しかし，ジェイコブズが実際に自分の目で見たノースエンドは，市当局の指摘とは大きく異なるものであった。住宅街には外壁が新たに塗装されたレンガの家が並び，窓を開けた家からは音楽が聞こえた。商店街には数多くの食品店や絨毯の店，金属製品の店，レストラン，バーが並び，歩道では沢山の子供が遊んでいた。すなわち，実際のノースエンドは，活気あふれる住区だったのである。興味深いことに，ボストン市の都市計画者自身も，「自分は良くノースエンドを歩き回るし，その素晴らしい，そして明るいストリートライフを楽しんでいる」と述べるなどノースエンドの良さを認識していた（Jacobs, 1961/1992, p.10）。にもかかわらず「でもやはり，私達はノースエンドを取り壊して再開発しなければならない。私達は，ノースエンドのストリートを人のいないストリートに作り直さなければならない」と決意したという（Jacobs, 1961/1992, p.10）。このように，『死と生』は，都市計画者の現実無視のありさまをヴィヴィッドに描いた。

ジェイコブズの市民運動家としての活動や，彼女による『死と生』の出版は，その後の米国都市のまちづくりに4つの重要な影響を及ぼした。第1に，都市計画は専門家やエリートにしか分からないものであるという固定概念を打破し，都市計画を一般の市民が議論するトピックへと変化させた（Flint, 2009/2011）。第2に，都市計画者や既存の支配集団が提案する都市開発・再開発事業こそが都市の発展と住民の生活向上を促す上で最善のものである，という神話をぶち壊した。第3に，市民が紳士淑女のようにふるまえば，結局権力者集団に振り回されるだけであり（Flint, 2009/2011），戦闘的な市民反対運動が必要であることを一般の市民に示した。第4に，『死と生』の中で提示された都市計画・再開発に関する新しい原理が，新しい世代の都市計画者に大きな影響を及ぼした。例えば，近代的・正統派の都市計画・再開

発理論において推奨されたスーパー・ブロックや単一機能のゾーンではなく，むしろ小さいブロックやミックスユーズ地区こそが，都市と住区の繁栄を促すといった原理などがこれにあたる。

第3項　環境保護運動と連邦政府による環境・交通政策の変化

　1960年代，ジェイコブズの活動の他に，各地で広まりつつあった環境保護運動もまた，都市のまちづくりの在り方に大きな影響を及ぼした。米国における環境保護運動のはじまりは19世紀後半にまでに遡ることができる。初期の運動の関心は，主に自然（areas of natural beauty and wilderness）を保護することのみに向けられていた。一方，カーソンの『沈黙の春』に代表される現代の環境保護運動は，現代的な環境問題に見られる以下の3つの特徴を指摘し，その危険性に警鐘を鳴らしている（Dunlap & Mertig, 1992）。第1に，環境問題の発生原因は複雑であるものの，新しい技術の使用によって新たな環境問題がもたらされるケースが多い。第2に，環境問題から生じる影響は，問題発生後しばらくしてから現れ，また，その影響は複雑で探知しにくいものである。第3に，環境問題は自然環境を悪化させるだけでなく，人間の健康にも有害なものとなりうる。こうした指摘が，都市のまちづくりや連邦の交通政策に対して，より一層大きな影響を及ぼすようになったと言える。

　1960年代に生じたその他の社会運動の場合と同じように，テレビや新聞などマスメディアによる報道は，一般市民の関心を環境問題へと引き寄せることに大きく貢献した（Hays & Hays, 1989）。例えば，1920年代以降人口1人あたりの自家用車保有台数が常に世界トップクラスであったロサンゼルスでは，早くも1944年に光化学スモッグ（別名ロサンゼルススモッグ）が発生し，市民の目，鼻，肺などに被害が出始めた（才木，2006）。戦後，大気汚染は一層深刻化した。1960年代に入ると，光化学スモッグの問題，さらにそれをもたらす原因に関する報道がマスメディアで頻繁に取り上げられるようになり（Dunlap & Mertig, 1992），大気汚染の問題は一般市民の間で大きな関心事となった（Dunlap, 1992）。また，1969年1月には，サンタバーバラ沖にあったユニオン石油（現ユノカル）の石油プラットフォームで石油

と天然ガスの噴出事故が発生し，流出した石油が周辺の海と海岸を広範囲に汚染する事態に発展した。この事故により，地域の海鳥と魚が大量死するとともに，付近の海藻林は壊滅的な被害を受けた。この事故がもたらした甚大な環境破壊の状況は，当時のテレビ報道で集中的に取り上げられた。

　1970年に開催された第1回「アースデイ（Earth Day）」に約2000万人が参加したことからも分かるように（Dunlap & Mertig, 1992），環境問題は米国のメディアや政治家，一般市民にとって大きな関心事となった。ギャラップ世論調査（Gallup polls）において，政府がもっと解決に力を入れるべき問題について10の選択肢から複数選択させたところ，「大気汚染と水質汚染を減らす」という選択肢を選んだ回答者の比率は，1965年の17%から1970年の53%へと3倍以上に膨れあがった（Dunlap, 1992）。実際，この1970年の53%という値は，犯罪撲滅に次いで2番目に高いものであった（Dunlap, 1992）。また，調査会社「オピニオン・リサーチ・コーポレーション（Opinion Research Corporation）」が実施した調査によると，自宅周辺の大気汚染と水質汚染が「非常に，またはやや深刻だ（very or somewhat serious）」と答えた回答者の比率は，1965年の28%（大気汚染）と35%（水質汚染）から，1970年の69%（大気汚染）と74%（水質汚染）へと倍増した（Dunlap, 1992）。さらに，ハリス世論調査（Harris surveys）では，「大気汚染をコントロールするプログラムのために，年間15ドルの増税分を支払うことに同意するか」という質問に対して，「同意する（willing）」と答えた回答者の比率は，1967年には44%であったが，1970年になると54%に上昇した。一方，同時期「同意しない（unwilling）」と答えた回答者の比率は46%から34%へと低下した（Dunlap, 1992）。

　これらの世論調査の結果が示したように，1960年代の環境保護運動を経て，1970年代には，多くの一般市民が，自らの生活・健康を脅かす問題として環境問題を認識するようになった。と同時に，環境保護を目的とした政策やプログラムに対する支持者が増加した。このような世論は，環境保護に関連する新しい政策の制定または既存の政策の施行について，市民または国民の間で合意を形成する際に有利に働いたと考えられる。

　環境保護運動が広がり，環境問題に対する一般市民の関心が高まる中，

1960年代後半から1970年代前半にかけて，環境保護に関連する複数の法案が議会を通過した。中でも，1969年サンタバーバラ沖原油流出事故の後に制定された「国家環境政策法（National Environmental Policy Act of 1969: NEPA）」は，米国における環境保護の基本枠組みを定めた最初の法律であった。この法律により，環境アセスメントがアメリカで制度化された。高速道路建設など連邦補助金を受ける事業に対して，環境影響評価の手続きおよび環境影響評価書（Environmental Impact Statements: EISs）の提出が義務付けられるようになった。高速道路，とりわけ都市内高速道路の建設は，それまでにも都市の景観や住区，中小企業に様々なダメージを与えてきた。それだけに，NEPAの施行は，1970年代以降米国都市のまちづくりの在り方に大きな影響を及ぼしたと言えよう。

　環境保護に関する法律の制定に加えて，連邦の交通政策にも大きな変化が見られるようになった。1910年代に米国で自家用車が急速に普及し始めてからというもの，自動車交通の効率化こそが，一貫して連邦交通政策の最優先事項であった（Kay, 1997）。しかし，1970年に「都市公共交通補助法（Urban Mass Transportation Assistance Act of 1970）」が制定され，以降の12年間，都市の公共交通システムの整備に，連邦政府が少なくとも100億ドルの補助金を交付すること，また，事業の計画と管理を地方自治体に大幅に権限委譲することが定められた（Weiner, 1992）。この法律は，都市の大量輸送システムに対して，連邦政府が長期にわたる経済的支援を約束した最初の法律であった（Weiner, 1992）。

　その後「1973年連邦補助高速道路法（Federal-Aid Highway Act of 1973）」が制定された。この法律は，州知事および人口5万人以上の都市の市当局の要請により，米国運輸長官の判断で，州間高速道路事業を取り消すことができる旨を定めたものである。さらに，高速道路事業が中止された場合，当該州と自治体政府は，与えられた高速道路事業のための補助金を返上する代わりに，同額の連邦補助金を受け取り，公共交通事業に使用することができることも定められた。また，この法律により，地域の交通計画の権限が，都市圏の交通を総合的に計画する機関「都市圏計画機構（metropolitan planning organizations, MPO）」に大幅に委譲された（Weiner, 1992）。これらの法律

が制定されたことにより，都市公共交通の支持者達は，公共交通を整備する手段を手に入れることとなった。

第 3 節
ポートランド市の社会の変化

第 1 項　カウンター・カルチャー・ムーブメント

　1960 年代のポートランド市は，近隣のベイエリア（サンフランシスコやバークレーなどの都市）とは異なり，社会運動の先頭に立つような存在ではなかった。しかし，ポートランドもまた，社会運動から大きな影響を受けたことは確かである。1960 年から 1970 年までの 10 年間，ポートランド市の人口に占める 15 歳から 34 歳の人口の比率は 22% から 29.5% にまで上昇した（Abbott, 1983）。これらの若者の間に，ロックミュージックや無料の食事配布，コミュニティ・ラジオ番組，ベトナム反戦運動などカウンター・カルチャー・ムーブメントが広がった[3]。そしてこれらの運動の中心地となったのは，他でもなく，ポートランド市内の古い住区であった。

　1950 年代から 1960 年代にかけて実施されたサウスオーディトリアム・アーバンリニューアル事業によって，サウス・ポートランド住区の大半はポートランド市開発局（PDC）によって撤去された。これを目にした市民達の間には，アーバンリニューアル事業に対する深い恐怖心が残った。取り壊しをかろうじて免れたレイアヒル住区では，アーバンリニューアル事業が再び実施されるのではないかとの不安が市民や不動産業者の間で高まった。そのため，同住区からの住人の流出が続き，結果としてレイアヒル住区には主に年配の住民だけが残される形となった。住民も不動産所有者も不動産の修繕を行うことをしなくなった。ところが，1960 年代後半になると，老朽化が進んだレイアヒル住区にヒッピーの人々が移り住み始めた。彼らがレイアヒル住区を好んだのは，彼らが古い住宅の建築様式を美しいものとして捉えたからであり，また，家賃が非常に安い上に，ポートランド州立大学に近いからであった（Olsen, 2012）。こうしてレイアヒル住区は，1960 年代後半，ポートランド市のヒッピー・コミュニティの中心となった（写真 2-1）。

写真●2-1　レイアヒル公園で過ごすヒッピーの若者達（1968年）

出所：Oregon Historical Society, #bb014910.

　1967年以降，レイアヒル住区にあるレイアヒル公園（Lair Hill Park）では，無料のコンサートが頻繁に開かれるようになった。地元のロックバンドが演奏し，多くの若者を惹きつけた。また，ポートランド市の若者ジム・ギルバート（Jim Gilbert）らは，サンフランシスコのヘイトアシュベリー（Haight Ashbury）に拠点を置くグループ「ディッガース（Diggers）」が唱えた理想に共感した。すなわち，食品供給システムを大手企業のコントロールから解放し，都心で栽培された野菜や近隣の共同農場でつくられた食材を使い，飢えた人々に無償で料理を提供する「ヒップ・フード・ネットワーク（hip food network）」を構築するという理想である（Belasco, 1989/2007, p.18）。ギルバートらは，ディッガースと同様に，寄付によって集められた肉や野菜

などを用いて作ったスープを，毎週日曜日レイアヒル公園において無償で配布するようになった（Olsen, 2012）。レイアヒル住区以外の住区においても，ジャズバンドやロックバンドの演奏を聴くことができるカフェや，若いアーティストが自らの前衛的作品を展示するギャラリー，前衛的なアーティストが演劇を上演するミニシアター，ペーパーバック専門の本屋などが次々とオープンし，若者に人気の場所となった。

また，1960年代ポートランド市では，伝統的な文化機関とは異なるコミュニティ・ラジオ局や新聞，オルタナティブ教育機関なども出現した。1964年，ポートランド市において，リスナーの寄付によって経済的なサポートを得たコミュニティ・ラジオ局（Listener-Supported Non-Commercial Radio）KBOOが設立された。エンタテイメント番組のみを放送するような当時の商業的なラジオ局とは異なり，KBOOはポートランド州立大学の講義や地元コミュニティの人々の関心事を番組構成の中心に据えた。それだけではなく，KBOOはオープン・フォーラムの時間帯を設け，左翼のラディカルな活動家達に自らの主張を演説させた（Olsen, 2012）。

「バークレー・バーブ（*Berkeley Barb*）」や「ロサンゼルス・フリープレス（*Los Angeles Free Press*）」を皮切りに，1960年代半ばから，アンダーグラウンド新聞が雨後の筍のように全米の都市で創刊された。ポートランド市においても，1968年，ベトナム戦争の「良心的兵役拒否者（conscientious objector）」であったマイケル・ウェルズ（Michael Wells）が，「ウィラメット・ブリッジ（*Willamette Bridge*）」紙を創刊した。それまでポートランド市には2つの日刊新聞 *The Oregonian* 紙と *The Oregon Journal* 紙しかなく，いずれの新聞も当時は「ベトナム戦争に賛成の立場をとり，社会運動に対して関心を示さなかった」（ウェルズに対するインタビュー，Olson（2012）から引用）。一方，ウィラメット・ブリッジは，当時広がりを見せつつあった女性の権利やゲイの権利をめぐる政治闘争や，環境保護運動に関する記事を重点的に掲載した（Olsen, 2012）。

1969年，リード・カレッジ（Reed College）の若い卒業生ロンダール・スノドグラス（Rondal Snodgrass）は，地元の慈善家から経済的支援を受けて，ポートランド市の高校中退者にオルタナティブ教育（alternative education）

を提供する機関としてWLC（Willamette Learning Center）を開設した。WLCの学生のほとんどは低所得層の白人家庭の子供であり，教師の多くはベトナム戦争の良心的兵役拒否者であった。彼らは，兵役を拒否する代わりに課せられたコミュニティサービスの義務を果たすべく，WLCで教師になることを引き受けたのである（Olsen, 2012）。WLCは急進的な教育手法をとった。生徒達には大きな行動の自由を与えた。また，一般の高校に再入学し，無事に卒業することを勧めるようなこともしなかった。

写真●2-2　ポートランド州立大学の学生ストライキにおいて救護テントを強制撤去するポートランド市警

出所：Oregon Historical Society, #bb014924.

人口に占める白人の比率が非常に高く，人種の多様性が低いポートランド市では，1960年代後半にロサンゼルスやニューヨークなどの大都市で見られたような人種的マイノリティによる暴動が発生することはなかった。しかし，ポートランド市警とカウンター・カルチャー・ムーブメントの参加者との間では，しばしば衝突が起きた。例えば，1967年2月，ヒッピーの人々が住むレイアヒル住区内の集合住宅にポートランド市警が家宅捜索に入り，マリファナ所持の容疑で52人を逮捕した[4]。また，1970年5月4日，オハイオ州のケント州立大学において，ニクソン政権によるカンボジア空爆およびベトナム戦争拡大に反対するデモが発生し，デモに参加した学生にオハイオ州兵が発砲し，4人の学生が射殺されるという事件が起きた。事件の翌日，ポートランド州立大学の学生がストライキを起こし，インドシナからの米兵の撤退や政治犯の釈放，ケント州立大学における死者の追悼記念日を設けることなどを要求した。学生達は，大学へと続く道路をバリケードで封鎖した。また，ストライキ中体調を崩した人のために救護テントを設置した。5月11日，ポートランド市警はバリケードと救護テントの強制撤去を開始した。その途中，警官と学生の間で衝突が起こった。救護テントの撤去に抵抗した学生に対して警官が警棒で殴りかかり，学生側に負傷者が出たのである（写真2-2）。警官による暴行に抗議して，翌5月12日，ポートランド州立大学の教員と学生約5000人が集結し，市役所で抗議デモを行った（Weinstein & Wood, 1970）。

第2項　環境保護運動，市民団体の変化

　環境保護運動が全米で広がりを見せる中，1960年代末，ポートランド市においても，駐車場と高速道路の建設に反対する市民運動が発生した。1つは主婦，とりわけ裕福なアッパーミドルクラスの主婦達が中心となり，ダウンタウンにおける大型駐車場建設を阻止しようとした運動である。もう1つは，新しい世代の専門職業人を中心に行われた高速道路建設に反対する運動である。

　主婦達による反対運動の先頭に立ったのは，弁護士の夫を持つ主婦ベティ・マーテン（Betty Merten）であった[5]。マーテンはテキサス州出身であ

り，テキサス大学を卒業後，大学院進学のための奨学金を獲得した。そのため，すでに決まっていた婚約を破棄し，オレゴン大学大学院に進学した。オレゴン大学においてマーテンは，その後結婚することになる夫と出会った。大学院を修了した後，彼女は夫と共にポートランド市に移り住んだ。マーテンはポートランド州立大学において数年間授業を受け持ったが，第2子誕生を機に大学を退職した。環境問題に対する関心が芽生えたきっかけについて，マーテンは，2001年ポートランド市都市計画局の元局長アーニー・ボナーから受けたインタビューの場で次のように語っている。1969年，マーテンはCBSが放送した大気汚染問題に関する特集番組を見た。その番組を見て初めて「自分が授かった2人の子供達が日々吸っている空気は汚染されており」，ポートランドでは夏の晴れた日にも「空気に茶がかかった黄色のスモッグがかかり，ウィラメット川の東側から西側の山を見ることができず，また市のどこからもフッド山（Mt. Hood）を見られない」状況にあることに気付いたという。

　自動車の利用が大気汚染の主要な原因であることを知ったマーテンは，1970年1月，ポートランド市最大の小売企業メイア・アンド・フランク（Meier & Frank）がダウンタウンに10階から12階建ての駐車場を建設しようとしていることを知るやいなや，主婦仲間達を組織して反対運動を起こした。彼女達は，ダウンタウンの駐車場建設予定地で芝居を演じた。芝居の中で彼女達は，外科手術用のマスクを着用し，「スモッグが人を殺す（Smog Kills）」と書かれたプラカードを掲げた。その様子はメディアに大きく取り上げられた。さらに，ポートランド市都市計画委員会が招集した公聴会の場において，マーテンは「ダウンタウン近くに住む一主婦」として（ボナーのインタビューによる），子供の健康と都市経済を守ろうではないかと，都市計画委員会の委員達に訴えかけた。ダウンタウンにおける駐車場の建設を中止すれば，ダウンタウンの景観と空気が良くなり，主婦達は喜んでダウンタウンでショッピングをするだろうと主張したのである。第3章で詳細に説明するが，結果として，1970年，ポートランド市都市計画委員会は，メイア・アンド・フランクによる駐車場建設の申請を却下した。

　新しい世代の都市計画者や建築家などの専門家もまた，ポートランド市の

環境保護運動において活躍した。そのリーダーの1人が,政治家のキャンペーン・マネジャーとして働いていた若きロナルド・ブエル(Ronald Buel)であった。1960年代ベストセラーとなったジェイン・ジェイコブズの『死と生』およびラルフ・ネイダーの『どんなスピードでも自動車は危険だ』は,若い世代の都市計画者や建築家,ジャーナリストなどの専門職業人にも大きな影響を及ぼした。この点は,ポートランド市においても例外ではなかった。1969年,ポートランド市の若い建築家ジム・ハウエル(Jim Howell)がハーバードライブの撤去を促す活動を開始した。その後の1971年,ロナルド・ブエルはマウント・フッド高速道路(Mt. Hood Freeway)の建設事業に反対する市民グループ STOP(Sensible Transportation Options for People)を組織した[6]。

ブエルはオレゴン大学でジャーナリズムを学んだ後,1960年代後半「ウォール・ストリート・ジャーナル」のリポーターとして働いた。そして1968年,同紙のセントルイス支局長に就任した。1969年,ブエルは政治家のキャンペーン・マネジャーへと転身した。1971年,当時30歳のニール・ゴールドシュミットがポートランド市会議員に就任すると,ブエルはそのアシスタントを務めた。1973年ゴールドシュミットが今度は市長に就任すると,ブエルは市長補佐官になった。こうしてブエルは,1970年代ポートランド市のまちづくりに深くかかわるようになった。

ブエルは『死と生』および『どんなスピードでも自動車は危険だ』から多大な影響を受け,1972年,自ら *Dead End* を出版した。ブエルは,その著書の中で,自動車依存型の米国の交通システムが大気汚染や交通事故,格差拡大をもたらしたことを指摘するとともに,自動車交通の利便性ばかりを追求した米国の都市計画が,都市の景観とコミュニティの発展にマイナスの影響を及ぼしたことを明らかにした。また,公共交通というもう1つの選択肢を都市住民に提供する必要性を訴えた(Buel, 1972/1973)。

STOPが反対したマウント・フッド高速道路建設計画とは,ウィラメット川の東側から郊外へと延伸する高速道路を建設するというものであった。STOPが組織された1971年,マウント・フッド高速道路の建設計画は,オレゴン州運輸局およびポートランド市議会,マルトノマ郡委員会(Multnomah

County Commission）によってすでに承認されていた。また，連邦道路管理局（Federal Highway Administration: FHWA）が事業費予算の 90% にあたる資金を保留していた。それにもかかわらず，STOP はマウント・フッド高速道路の事業計画を白紙に戻そうとしたのである。

　こうした STOP の活動は，コンサルティング会社 SOM 社（Skidmore, Owings, and Merrill）の若い建築家達の支持を獲得した。同社は，マウント・フッド高速道路事業に義務付けられた環境影響評価書（EISs）を作成する際にコンサルティング・サービスを提供した会社であった（Thompson, 2005）。SOM 社は，マウント・フッド高速道路の建設により，高速道路建設予定地にある約 5000 戸の住宅や中小企業，学校，教会が取り壊され，大気汚染が悪化することを指摘する一方，同高速道路を建設しても既存の交通渋滞の問題が解消される訳ではない，との調査結果を発表した[7]。これらのデータは，1970 年代後半，マルトノマ郡およびポートランド市当局がマウント・フッド高速道路の事業計画を取り消す際の重要な根拠となった。

　このように，1960 年代，全米に広まった様々な社会運動に影響される形で，保守的なポートランド市の社会においても，カウンター・カルチャー・ムーブメントや環境保護運動が発生し，既存の権力集団と市民との間で衝突が起こるようになった。これらの出来事を経験したポートランド市では，社会全体に大きな変化が生じた。Johnson（2002）によると，1960 年，ポートランド市における市民団体（civic organizations）のうち，最も数が多かったのは伝統的な親睦団体や選挙応援団体であった。その数は 370 団体であり，全 882 団体の 41% を占めていた。また，第 2 位のビジネス団体も 20% を占めていたという。一方，各種の権利擁護団体（advocacy organizations），すなわち環境保護グループや住区のコミュニティ組織，人権運動団体などの数は 31 に過ぎず，全市民団体に占める比率は 4% と非常に低かった（Johnson, 2002）。さらに，ポートランド市の 2 大地元紙である *The Oregonian* 紙と *The Oregon Journal* 紙が市民団体の活動を報じた記事について見てみると，うち 48% は伝統的な親睦団体や選挙応援団体の活動に関するニュースであり，各種権利擁護団体の活動を取り上げたニュースの比率は 4% と非常に少なかった（Johnson, 2002）[8]。しかし 1972 年になると，各種の権利擁護団

第 2 章　「成長マシン」を脱するための土壌：1960 年代米国社会の変化

体の数は約5倍の153団体にまで増加した。一方,伝統的な親睦団体や選挙応援団体は341に減少した。さらに驚くべきことに,*The Oregonian*紙と*The Oregon Journal*紙が市民団体の活動を報じた記事の中で,各種権利擁護団体の活動に関するニュースの比率が約50％に増加した一方で,伝統的な親睦団体や選挙応援団体の活動を取り上げたニュースの比率は7％へと大きく低下した（Johnson, 2002）。

Schoenfeld *et al.* (1979) は,新聞報道の役割の1つは,社会問題を敏感に察知した人々（concern innovators）が提示する問題を,一般の人々にも社会問題として認識させることであると指摘している。1960年代,ポートランド市の主要紙が各種の権利擁護団体の活動を頻繁に報道したことで,一般市民は徐々に環境保護や住区保存,人権擁護の問題を重要な社会問題として認識するようになった。こうした1960年代ポートランド市の社会において生じた変化は,1970年代,同市による革新的なまちづくりの導入に向けて,その中心的役割を担うことになる市民活動家を育てることにつながった。と同時に,そのようなまちづくりに対して市民から賛同を得られるような土壌をつくりあげたと考えられる。

第4節
市会議員の世代交代

1960年代末から70年代前半にかけて,ポートランド市会議員の構成は大きく変化した。表2-1は,ポートランド市市長および4人の市会議員の生まれ年および在任期間について比較を行ったものである。1969年,すでに10年以上の在任期間をもつテリー・シュランク（Terry Schrunk）市長を含め,ポートランド市議会の5人のコミッショナーの中には,1950年代またはそれ以前に初当選し,年齢が50代後半から70代の人物が4人もいた。その平均年齢は58歳であった[9]。また,最年少のフランシス・イヴァンシ（Francis Ivancie）は,市会議員に当選する前に市長シュランクのアシスタントを9年間務めた人物であり,そういう意味では彼もまた市議会のインサイダーであった。1969年の市長・市会議員の主な支持者は,いずれも同市の大手企業であった（Abbott, 1983）。

表●2-1　ポートランド市長・市会議員の比較（1969年および1971年，1973年）

	1969年 日本語表記氏名 英語表記氏名 生年（在任期間）	1971年 日本語表記氏名 英語表記氏名 生年（在任期間）	1973年 日本語表記氏名 英語表記氏名 生年（在任期間）
市長	テリー・シュランク Terry Schrunk 1913（1957-72）	テリー・シュランク Terry Schrunk 1913（1957-72）	ニール・ゴールドシュミット Neil Goldschmidt 1940（1973-79）
市会議員 （ポジション1）	スタンリー・アール Stanley Earl 1910（1953-70, 在任中死去）	コニー・マクレディ Connie McCready 1921（1970-79）	コニー・マクレディ Connie McCready 1921（1970-79）
市会議員 （ポジション2）	マーク・グレーソン Mark Grayson 1908（1959-70）	ニール・ゴールドシュミット Neil Goldschmidt 1940（1971-72）	ミルドレッド・シュワブ Mildred Schwab 1917（1973-86）
市会議員 （ポジション3）	フランシス・イヴァンシ Francis Ivancie 1924（1967-80）	フランシス・イヴァンシ Francis Ivancie 1924（1967-80）	フランシス・イヴァンシ Francis Ivancie 1924（1967-80）
市会議員 （ポジション4）	ウィリアム・ボウズ William Bowes 1894（1939-69, 在任中死去）	ロイド・アンダーソン Lloyd Anderson 1925（1969-74）	ロイド・アンダーソン Lloyd Anderson 1925（1969-74）

注：コニー・マクレディおよびミルドレッド・シュワブは女性であるが，他の市長・市会議員はすべて男性である。
出所：ポートランド市公式ウェブサイト（https://www.portlandoregon.gov/auditor/article/4937）により筆者作成（最終アクセス日：2017年2月17日）。

第1項　都市計画軽視の市議会：1960年代末まで

　第二次世界大戦前から1960年代までの約30年間，ポートランド市の都市計画・再開発に最も大きな影響を及ぼした市会議員は，1894年生まれで，1939年にポートランド市会議員に初当選したウィリアム・ボウズ（表2-1のポジション4および写真2-3）である。彼は，30年もの間，同市の公共事業担当コミッショナーを務め，戦後から1966年まで同市の都市計画局を管轄していた。ボウズは戦時中，ポートランド市の戦後のまちづくり計画の策定を見据え，コンサルタントとしてモーゼスを雇うことを主導した人物である。ボウズはまた，モーゼスが作成したポートランド・インプルーブメントを戦後実行に移す際の最大の推進者でもあった。歴史家カール・アボットは，ボウズについて，「彼はまるで西海岸におけるモーゼスの双子の兄弟の

写真●2-3 コミッショナーのウィリアム・ボウズ

出　所：Oregon Historical Society, #bb007444, *The Oregonian* 紙が提供。

ように振舞った」とコメントしている（Abbott, 1983, p.207）。

高速道路建設やアーバンリニューアル事業など，公共事業を実施することでポートランド市の雇用創出と経済発展を図る戦略を積極的に推し進めたボウズは，都市計画による開発規制に非常に消極的であった。1950年代から1970年代初めにかけてポートランド市都市計画局局長を務め，ボウズの直属の部下であったロイド・キーフェ（Lloyd Keefe）は，1950年代前半，同市の古いゾーニング規制を，都市の現状に対応できる新しいものに改正しようと試みた。しかし，保守的なボウズがその妨げとなったと，後にキーフェは書き残している（Keefe, 1975）。ポートランド市の最初のゾーニング規制は，1924年の有権者投票によって採択されたものである。その後小改正はあったものの，その骨格は1950年代まで変わらなかった。すなわち同市の土地をわずか4つのゾーン，(1)一戸建て住宅ゾーン（Zone I Single Family）と(2)集合住宅ゾーン（Zone II Multi-family），(3)産業ゾーン（Zone III Business-manufacturing），(4)無制限ゾーン（Zone IV Unrestricted）に分けるだけで，通常はゾーニング規制によって定められるはずの建蔽率や建物の高さ制限なども規定されていなかった（Keefe, 1975）。このような非常に曖昧かつ緩やかなゾーニング規制を改正しようと，1951年，ポートランド市都市計画委員会は改正案を作成した。1952年末までに約150回の公聴会や討論会を開催し，会合で出された意見

に基づいて，さらに改正案を修正した。しかし1952年末，革新派であった女性市長ドロシー・リーが1期4年という短い任期を終え再選で敗れた。1953年1月，「ポートランドには実業家タイプの市長が必要（Portland needs a businessman）」をキャッチフレーズに選挙戦を戦った保守派候補フレッド・ピーターソン（Fred Peterson）が市長に就任するやいなや，ボウズは都市計画委員会が提出したゾーニング規制改正案を取り消した（Abbott, 1983）。

その後，1953年から1955年にかけて，ポートランド市都市計画委員会は，前回と同じプロセスを経て新たなゾーニング規制改正案を作成した。しかし，1955年，当該規制案が同市に与える影響はあまりにも大きいという理由で，ボウズはまたもや規制案を取消した。その代わり，ボウズは不動産業者を中心としたゾーニング規制改正案諮問委員会を組織した（Keefe, 1975; Abbott, 1983）。それから1年間，この諮問委員会は，ポートランド市都市計画委員会が1955年に作成した改正案を一字一句再検討し，翌1956年，元の改正案とはほぼ別物となった新たな改正案を作成した。この改正案は，その後の1959年に施行された。

都市再開発を積極的に推進し，都市計画を軽視した市議会の下，1950年代から60年代にかけて，ポートランド市都市計画委員会が経験した挫折は，ゾーニング規制改正に関するものだけではなかった。1958年，ポートランド市におけるアーバンリニューアル事業の計画および実施機関として，ポートランド市開発局（PDC）が設立された。アーバンリニューアル事業は，シュランク政権の政策の柱となった（Lansing, 2005）。ポートランド市都市計画委員会は，PDCの設立に関する条例において，PDCが計画した事業は都市計画委員会による審査を受けなければならないことを明記するよう市議会を説得しようとしたが，これも失敗に終わった（Abbott, 1983）。結局，1950年代から60年代にかけて，PDCは，都市計画委員会からの制限を一切受けずに，南ダウンタウンの伝統的住区を取り壊し，アーバンリニューアル事業を推し進めた。こうしてPDC初代委員長イラ・ケラーは「変化中のポートランド市に自らのビジョンを押し付ける」ことに成功したのである（Abbott, 1983, p.171）。Abbott（1983）が指摘したように，1950年代から

60年代にかけて，ポートランド市都市計画委員会は，土地分譲に関する規制および1959年ゾーニング規制に基づき，建築許可手続きを処理するだけのサービス機関に過ぎなかった（Abbott, 1983）。

第２項　市会議員・市長の世代交代

ところが，1960年代末，ポートランド市議会は，それまで経験したことのないほど大きな変化の時を迎えた。1969年，ポートランド史上最も長い30年もの間コミッショナーを務めたボウズが在任中に病死した。翌1970年，18年間コミッショナーを務めたスタンリー・アールもまた在任中に病死した。同じ1970年，62歳のマーク・グレーソンが任期満了をもってコミッショナーをリタイアした。さらに，1971年，すでに15年間市長を務め，健康がすぐれないため会議をしばしば欠席せざるを得なかったシュランク市長が，次の市長選に出馬しないことを正式に発表した。1969年から1973年までのたった4年の間に，ポートランド市長・市会議員5人のうち，4人もが市議会を去ったのである。

1969年10月19日，ポートランド最大の地元紙 The Oregonian は，コミッショナーのボウズの訃報を掲載し，彼は賛否両論の評価を受けた市会議員だったとコメントした。と同時に，1970年11月の市会議員選挙までの間，ボウズのポストを臨時的に務める後任について，市議会が誰を指名するか早速予想し始めた。同紙は当初，イラ・ケラーなど，当時のポートランド市当局の官僚が指名されるだろうと予想した[10]。ところが1週間後，The Oregonian 紙は，「市会議員，予想外の選択（Choice for City Post Comes as Surprise）」と題する記事を掲載することとなった[11]。というのも，新たに指名された市会議員は，市当局の既存の官僚でないばかりか（outside the city hall "family"）[12]，その経歴も既存の官僚とは大きく異なる人物であったからである[13]。

市会議員に指名されたロイド・アンダーソン（写真2-4）は，当時44歳で，政治的傾向は中道派とリベラルの間であった。彼の経歴は，前任者ボウズのそれとは大きく異なっていた。ボウズはもともと印刷業のビジネスマンから市会議員になった。一方，アンダーソンは，都市計画の専門家であった。ア

ンダーソンは，アメリカ都市計画者協会（American Institute of Planners）やアーバンランド研究所（Urban Land Institute）などの協会員・学会員であり，1950年代マルトノマ郡の初代計画局長に就任し，同郡の総合計画の作成に携わった。その後ワシントン州キング郡の計画局長や，オレゴン州の計画局長補佐を歴任した。市議会議員に指名された当時，アンダーソンはポートランド市にある民間コンサルティング会社CH2M社に勤務していた。同社は，ポートランド市の公共事業や都市計画作成に対してコンサルティング・サービスを提供してきた企業である。そのためアンダーソンは，ポートランド市の都市計画や都市開発の現状を熟知していた。アンダーソンは，ボウズが残した任期を臨時的に務めながら，1970年11月の市会議員選挙に立候補した。選挙戦でアンダーソンが市民に訴えたのは，ポートランド都市圏の発展にとって，公共交通の整備が不可欠であるという点であった。選挙の結果，アンダーソンは，他の7人の立候補者[14]を破り当選した。

写真●2-4　市役所前で記念写真におさまる新たに当選したポートランド市議達
　　　　　（1972年12月）

注：左からコニー・マクレディ，ロイド・アンダーソン，ミルドレッド・シュワブ，ニール・ゴールドシュミット（市長），フランシス・イヴァンシである。シュワブは，1972年ゴールドシュミットが市長に当選したことにともない，ゴールドシュミットの市会議員としてのポストを臨時的に務める後任として指名された。その後1974年市会議員選挙で当選し，1986年まで市会議員を務めた。
出所：City of Portland (OR) Archives, A2004-002.1955.

コミッショナーのボウズと同じように，1970 年コミッショナーのアールもまた在任中に病死した。1970 年 3 月 5 日，*The Oregonian* 紙は，木材加工業の労働組合出身で，「保守派」のコミッショナーとして知られたアールの訃報を掲載し，「古い市議会が変化している（the old guard has changed）」とコメントした[15]。ポートランド市議会は，1970 年 11 月の市会議員選挙までの間アールのポストを臨時的に務める後任として，48 歳の女性コニー・マクレディ（写真 2-4）を指名した。

　マクレディもまた，前任者アールとは様々な側面で異なる人物であった。彼女は女性でありながら奨学金を獲得してオレゴン大学でジャーナリズムを学んだ。戦時中 *The Oregonian* 紙の男性レポーターの多くが戦地に赴く中，同紙のレポーターの職を得てジャーナリストのキャリアを歩み始めた。マクレディは結婚と出産を機に新聞社を退職したが，退職後はポートランド市民教育委員会（Citizen School Committee）の委員を務め，また，環境保護の活動家として活動を開始した。育児を終えたマクレディは，*The Oregonian* 紙が所有していた雑誌 *Farm, Home & Garden* の編集者に復帰し，さらに 1960 年代後半，オレゴン州議会議員選に立候補して当選した。1967 年から 1969 年までオレゴン州議会議員を務めたマクレディは，その在任中，環境保護に関連する法律の制定にとりわけ力を入れた。マクレディもまた，ポートランド市会議員としてアールが残した任期を務めながら，1970 年 11 月のポートランド市会議員選に立候補した。選挙戦で彼女は，ポートランド市の交通渋滞や大気汚染，また中産階級市民の郊外流出の問題などを市民に訴え，これらの問題に対処するために総合計画を作成しなければならないと主張した。選挙戦の結果マクレディは，他の 4 人の立候補者[16] を破り当選した。

　1970 年 11 月のポートランド市会議員選において，コミッショナー・グレーソンが政界を引退したため，そのポストをめぐって，30 歳のニール・ゴールドシュミット（写真 2-4）や 47 歳の女性弁護士シャーリー・フィールド（Shirley Field）をはじめとする 14 人が立候補した[17]。5 月に行われた予備選挙（primary election）で得票数が最も多かったゴールドシュミット（3 万 5551 票）とフィールド（2 万 1437 票）[18] の 2 人は同じ弁護士であったが，ポートランド市が抱える問題の解決方法については，正反対の考えを持って

いた。

　オレゴン州議会議員を4期務めた経験のあるフィールドは，自らがオレゴン州議会および共和党全国委員会（RNC）に持っている人脈を活用して，ポートランド市に有利な政策を通過させることができると市民にアピールした。一方ゴールドシュミットは，市民を広く動員し，市民の共感と支持を武器にして政治を変える，という自らの政治手法を市民にアピールした[19]。実際，ゴールドシュミットは，選挙戦が始まってからもこの手法を用い続けた。例えば1969年，ポートランド市最大の小売企業メイア・アンド・フランクがダウンタウンに10階から12階建ての駐車場を建設しようとした際，ダウンタウンの主婦達を中心に市民反対運動が起きた。その後，ゴールドシュミットは市民反対運動を支持する立場を明確に表明した。加えてゴールドシュミットは，次のようなデータを *The Oregonian* 紙の紙面上で提示した。1950年からの20年間，ポートランド市のダウンタウンの駐車場面積は大きく増加したにもかかわらず，同じ時期にダウンタウンの歩行者数は半減し，ダウンタウンの小売年間販売額もまた1億9000万ドルから1億4000万ドル未満へと低下したという[20]。このようなデータを示すことにより，市民反対運動に根拠を提供したのである。

　ゴールドシュミットが，市民の共感と支持を武器に政治を変える手法の有効性を認識するようになったのは，彼の経歴によるところが大きい[21]。1940年にオレゴン州ユージーン市で生まれたゴールドシュミットは，1963年にオレゴン大学で政治学学士号を取得した。1967年にはカリフォルニア大学バークレー校法科大学院を修了し，同年弁護士の試験に合格，27歳の若さで弁護士になった。ゴールドシュミットは学生時代から公民権運動に積極的に参加した。1964年には，ミシシッピ州において，アフリカ系米国人に対する有権者登録を求める教育活動「フリーダム・サマー（Freedom Summer）」に参加した。この活動には約1000人の若者ボランティアが参加し，その大多数は米国エリート大学の学生であった（McAdam, 1988）。フリーダム・サマーの活動中，4人のボランティアが死亡し，80人が人種差別論者から暴行を受けた。また，約1000人が逮捕され，67の教会・住宅・企業が放火されたり爆弾を投げこまれたりした（McAdam, 1988）。McAdam（1988）

が指摘したように，フリーダム・サマーに参加したエリートの若者達は，危険にさらされ，苦難を経験した一方，異人種間関係や共同生活を体験することで，新しい政治的イデオロギーに触れた。フリーダム・サマーでの経験は，ゴールドシュミットに大きな影響を及ぼしたと考えられる。実際，弁護士の資格を得た後も，ゴールドシュミットがポートランド市ダウンタウンの法律事務所に就職することはなかった。ゴールドシュミットは，1967年から1970年まで，ポートランド市民に法律サービスを提供する非営利団体「ポートランド法律援助サービス（Portland Legal Aid Service）」で働いていた。

　活動家でもあるゴールドシュミットは，選挙活動においても住区の家庭を一軒一軒訪問した。また，200以上の住区ミーティングを開催し，その参加者は5000人を超えた[22]。The Oregonian紙によると，こうしたゴールドシュミットの選挙活動について，対立候補のフィールドは，「彼（ゴールドシュミット）のドアベルを押す能力には太刀打ちできない」と揶揄したという[23]。一方，ゴールドシュミット側がフィールドの揶揄を意に介すことはなかった。むしろ有権者に対して，もし自分が市会議員に当選したら，住区ミーティングを必ず継続し，住区の問題に関する検討プロセスには必ず住民を参加させると

写真●2-5　ポートランド市長に当選したニール・ゴールドシュミット（左）を祝福するオレゴン州知事トム・マッコール（右）（1972年）

出所：Oregon Historical Society, #bb014400, The Oregonian 紙が提供。

約束した[24]。結果として，1970年11月に行われた一般選挙において，ゴールドシュミットは圧勝し，ポートランド市会議員に当選した。

　その後，1972年のポートランド市長選を前に，現職のシュランクが立候補しないことを表明した。同市長選には，市会議員ゴールドシュミットをはじめ，前市長シュランクが推薦し，主にダウンタウンの伝統的企業に支持基盤があった実業家ビル・デウィーズ（Bill deWeese）など，7人が立候補した[25]。ゴールドシュミットは，1972年5月に行われた予備選挙において，全14万9501票のうち過半数を超える8万6013票を獲得した[26]。ポートランド市の市長選・市会議員選に関する規定によると，予備選挙で過半数票を獲得した候補者がいた場合，予備選挙が一般選挙として見なされる。そのため，1972年5月の予備選挙で過半数票を獲得したゴールドシュミットがそのまま市長に当選する形となり，翌年32歳で米国最年少の市長として同職に就任した（写真2-4および写真2-5）。

おわりに

　1960年代，米国社会は異議を唱える時代に突入した。米国社会に存在する様々な問題を詳らかにした書籍の刊行や，活動家による座り込み抗議および首都ワシントンで開かれたデモの様子を頻繁に報道するテレビ番組によって，体制に異議を唱える行為は，活動家だけではなく，一般市民にも浸透するようになった。さらに，活動家達によるラディカルな抗議活動やマスメディアの報道，世論の変化は，連邦政策にも影響を及ぼした。1960年代から1970年代前半にかけて，国家環境政策法，都市公共交通補助法，1973年連邦補助高速道路法が相次いで制定された。これらの法律により，高速道路の建設が都市環境に与える影響について検討されるようになった。また，公共交通を整備する手段も都市に提供されるようになった。こうしたアメリカ社会の変化により，市政・国政に対して市民が積極的に参加するようになった。さらに自動車交通の利便性ばかりを追求してきた米国都市のまちづくりを変化させる土壌ができあがっていった。

　1960年代，社会運動が全米に広がりを見せる中，ポートランド市は運動の先頭に立つような都市ではなかった。しかし，ポートランド市が運動から

大きな影響を受けたことは確かである。その影響は主に3つあると考えられる。第1に，革新派の政治家と専門職業人が育った。第2に，ダウンタウンの大気汚染をはじめとする同市の環境問題が，一般市民に深刻な問題として認識されるようになった。第3に，同市において権利擁護団体が増加し，その活動内容が同市の主要なマスメディアによって報道されるようになった。このように，1960年代の社会運動は，その後の1970年代，ポートランド市において革新的なまちづくりが実践される際に重要な役割を果たすことになる政治家や専門職業人，市民運動家，世論を育むことに寄与したのである。

第3章

まちづくりのターニングポイント
1970年代ダウンタウンの再生

"If we put in eight lanes on top of the ground,
we're never going to see this river again."

もし我々がウィラメット川沿いに8車線の高速道路をつくってしまったら、二度とこの川を
見ることはなくなるだろう。
(1968年10月5日、オレゴン州知事トム・マッコールが
The Oregonian 紙にて発表したコメント[1])

はじめに

　1970年代に入ると、ポートランド市のまちづくりの方針と方法は大きく変化した。結果として同市の心臓部であるダウンタウンは、ユニークで活気あふれる場所へと再生を遂げることになる。1970年代は、ポートランド市のまちづくりにとって、まさにターニングポイントであったと言えよう。たしかに1960年代に米国社会で見られた様々な変化は、ポートランド市のまちづくりがその後大きく変わるための土壌を培った。しかし、当時は数多くの米国都市が、ポートランド市と同様に社会の変化を経験したはずである。にもかかわらず、その後中心市街地が再生を遂げた都市、とりわけそのような地方都市は少ない。多くの米国地方都市とは異なり、1970年代、ポートランド市がダウンタウンの再生を実現できたのはなぜなのだろうか。第二次世界大戦後、衰退の一途をたどったはずの同市のまちづくりが大きな成功を収めることになった背後には、どのようなメカニズムが存在したのであろうか。

　1970年代、ポートランド市ダウンタウンの再生をもたらしたのは、新しい世代の政治家と専門家達の戦略思考であったと筆者は考える。ここで言う戦略思考とは、都市・中心市街地が「誰に」、「どのような価値を」、「どうやっ

て」提供するのかを検討し，郊外との違いを作り出すためにどのような打ち手が必要であるかを考えることである。

　米国都市における中心市街地の衰退の歴史は，自動車の普及の歴史と重なる。第二次世界大戦後，自動車の普及にともない，住民達は郊外へと流出した。買い物客を中心市街地に呼び戻すために，各都市は郊外に負けない道路と駐車場の建設に躍起になった。連邦政府は，補助金を通じて，都市における高速道路建設を支援した。一般市民もまた，自動車交通の利便性を最優先にしたまちづくり政策について，なんら疑問を持たなかった。しかし，1960年代に環境保護運動や都市住区保存運動などの社会運動が高まったことにより，一般市民の考え方にも，そして連邦政府の交通政策にも変化が見られるようになった。1970年代，ポートランド市における新しい世代の政治家達・専門家達は，こうした社会の変化を敏感に察知し，それをまちづくりの新しい文脈として捉えた。郊外と同じような場所をつくり，郊外の特徴である広い道路や広い駐車場を真似したとしても，都市に勝ち目はないと考えたのである。彼らは，新しいまちづくりの文脈の中で，都市，さらにその心臓部であるダウンタウンの差別的優位性を作り出すための方針を打ち出し，また，それを実現するべく様々な革新的方法を案出した。

　本章では，1970年代，ポートランド市の新しい世代の政治家と専門家達が打ち出したダウンタウンの再生戦略について説明する。本章の構成は次の通りである。第1節では，第二次世界大戦後から1960年代にかけて，ポートランド市で実施されたダウンタウンの振興戦略とその結果を説明することで，1970年代に新しい戦略が打ち出されるに至るまでの文脈を明らかにする。第2節では，ダウンタウンの再生戦略をまとめた「1972年ダウンタウン・プラン」の作成プロセスを説明し，革新的な計画が案出され，さらに主要なステークホルダーから合意を得ることができた要因を明らかにする。第3節と第4節では，ダウンタウン・プラン内の主要事業の実施プロセスを説明し，合意形成と資金調達に関してポートランド市の政治家と専門家達が打ち出した革新的な手法を明らかにする。最後に本章をまとめる。

第 1 節
ダウンタウン・プラン作成機運の高まり

第 1 項　PDC によるダウンタウンの振興戦略：1950 年代後半〜1960 年代

　1948 年から 1958 年までの 10 年間で，ポートランド市のダウンタウンにおける小売店舗数は 949 店舗から 688 店舗に減少し，年間販売額も 1 億 8666 万ドルから 1 億 7182 万ドルにまで落ち込んだ[2]。ダウンタウンは明らかに衰退しつつあった。ポートランド市当局は，ダウンタウンを再活性化するべく，連邦政府が推進したアーバンリニューアル事業を積極的に実施した。ポートランド市の有権者もまた，住民投票によってサウスオーディトリアム・アーバンリニューアル事業を支持すると同時に，同市におけるアーバンリニューアル事業の計画・実施を担当する機関として，ポートランド市開発局（PDC）の創設を可決した。

　1950 年代末から 1960 年代にかけて，ポートランド市のダウンタウンの様子は，以下で説明するような PDC の再活性化戦略によって大きく変わった。PDC は，ダウンタウンとその周辺の古い住区を撤去し，更地にした土地を民間不動産開発業者に提供した。また PDC は，ダウンタウンに通ずる道路を整備し，民間企業による駐車場建設を後押しした。PDC は，こうした手段によって，ダウンタウンにおける民間企業の投資と裕福な住民の移住を誘致し，雇用の創出と不動産価格の上昇を図ろうとしたのである。もっとも，このような戦略は，ポートランド市特有のものではなかった。当時ほとんどの米国都市が，同じようなダウンタウン再活性化戦略を採用していた。PDC が描いたポートランド市ダウンタウンの理想像について，Abbott（1983）は次のように描写している。

　　朝，郊外に住む通勤者は，新しく完成した高速道路を車で飛ばし，ダウンタウンにある銀行あるいは保険会社，その他大手企業のオフィスに到着する。夜になると彼らは再びダウンタウンに戻り，ダウンタウンのシヴィックセンターでシンフォニーを聴き，あるいはダウンタウンにある大学で勉強して学

位をとり，ダウンタウンに新しくできた競技場でバスケットボールの試合を観戦する（Abbott, 1983, p.210）。

　ところが，PDC が描いたようなポートランド市ダウンタウンの理想像は実現しなかった。アーバンリニューアル事業の名の下，PDC は 1000 人以上の住民を立ち退かせた。南ダウンタウンに存在した伝統的なユダヤ系・イタリア系移民の住区を完全に取り壊すなど，結果的に大きな人的犠牲を出すことになった。たしかに，ポートランド市のダウンタウンにおいて，1950 年から 1970 年にかけて駐車場の土地面積は倍増した。また，1960 年から 1970 年までの間に，ダウンタウンに乗り入れる自動車の台数は，平日 1 日あたり平均 7 万 6000 台から 10 万 5000 台へと大きく増加した。さらに同時期，ポートランド市のダウンタウンにおけるオフィスの面積は 210 万平方フィート（19 万 5096 ㎡）増加した[3]。しかし，1958 年から 1967 年までの間に，ダウンタウンの小売店舗の数は 688 店舗から 467 店舗へと大きく減少し，小売年間販売額は 1 億 7182 万ドルから 1 億 4028 万ドルへと一層低下した[4]。ポートランド市交通室（City of Portland, Office of Transportation）が指摘したように，1960 年代，ポートランド市のダウンタウンは，平日朝 9 時から午後 5 時までしか人が集まらず，夜や週末になるとほとんど人がいなくなる場所となったのである[5]。

　PDC が推し進めたポートランド市ダウンタウンの再活性化戦略は，ダウンタウンの再活性化を実現しえなかったばかりでなく，以下の 3 つの問題をもたらした。第 1 に，ダウンタウンの古い住区を取り壊した結果，ダウンタウンの住民の数が大きく減少した。1950 年にはポートランド市ダウンタウンの住民数は 2 万 8099 人であったが，1960 年に 1 万 9807 人，1970 年に 1 万 3811 人へと減少した[6]。1970 年代の住民の数は，1950 年の実に半分以下にまでに落ちこんだのである。

　第 2 に，駐車場の建設用地を確保するために，ダウンタウンの歴史的建造物が数多く取り壊された。その代表例は，ポートランド・ホテル（The Portland Hotel）であった。写真 3-1 は，取り壊される前のポートランド・ホテルの写真である。同ホテルは，ポートランド市において最も歴史が古い

写真●3-1　ポートランド・ホテル（1910年）

出所：Oregon Historical Society, #bb0084996.

ホテルであった。第23代アメリカ合衆国大統領ベンジャミン・ハリソン（Benjamin Harrison）や，第28代大統領ウッドロウ・ウィルソン（Woodrow Wilson）など，数多くの要人が泊まったことでも名が知られていた。1944年，ポートランド市最大手の小売企業メイア・アンド・フランクがポートランド・ホテルを買収した。1951年，同社はホテルを取り壊し，駐車場に作り替えてしまった（写真3-2）。こうして数多くの歴史的建造物を失ったポートランド市のダウンタウンは，特徴にも魅力にも欠けるものとなり，ショッピングや娯楽，社交の場として機能しなくなった。実際，1970年，ポートランド市のコンサルティング会社デリュー・キャザー社（DeLeuw, Cather & Co）が，オレゴン州高速道路局の委託を受けて，同市のダウンタウンを訪れた人の訪問目的について調査を行ったところ，回答者の61%は通勤またはビジネス，回答者の12%は通学と答えた。一方，ショッピングと答えた回答者は9%，社交またはレクリエーションと答えた回答者は7%，食事と答えた回答者はわずか2%しかいなかった[7]。

写真●3-2 ポートランド・ホテルの跡地につくられた駐車場（1952年）

注：写真中央の建物は，メイア・アンド・フランク・ビル（Meier & Frank Building）であり，同ビル内にはメイア・アンド・フランクのダウンタウン本店があった。写真下の駐車場は，ポートランド・ホテルの跡地に造られたものである。
出所：Oregon Historical Society, #bb013772, *The Oregonian* 紙が提供。

　第3に，相次ぐ高速道路と駐車場の建設は，ダウンタウンの交通渋滞問題を解決しなかったばかりか，深刻な大気汚染を引き起こした。写真3-3は，ポートランドのダウンタウンを走る主要道路サウスウェスト・シックス・アベニュー（SW 6th Avenue）の1967年の様子を写したものである。この写真からも，ポートランド市ダウンタウンにおける交通渋滞の深刻さがうかがえる。さらに，コロンビア・ウィラメット大気環境局（C-WAPA）が，1967年から1971年にかけてポートランド市ダウンタウンの大気汚染について調査を行ったところ，大気中の浮遊粒子状物質濃度および粒子状物質濃度はC-WAPAの基準値を超え，光化学オキシダント濃度はポートランド都市圏内で最も高い値を示していることが明らかになった[8]。

　1960年代終わりになると，このようなポートランド市ダウンタウンの現

写真●3-3　ポートランド市ダウンタウンの主要道路サウスウェスト・シックス・アベニューの交通渋滞（1967年）

出所：Oregon Historical Society, #bb007283.

状に対して，ダウンタウンに立地する企業およびダウンタウンの利用者，ダウンタウン周辺住区の住民のいずれからも不満の声があがるようになった。こうした幅広い社会階層にわたる市民達の不満は，1970年代，同市のまちづくりが大きく転換するための土壌となった。新しい世代の政治家と専門家達は，こうした市民の不満を敏感に察知し，それをまちづくり転換のチャンスとして活用したのである。

第2項　ダウンタウン総合計画作成のきっかけ

　ポートランド市ダウンタウンに関する総合計画作成のきっかけは，ダウンタウンの実業家達がコンサルティング会社を雇い，ダウンタウンの交通問題の解決策を検討させたことに始まる[9]。1960年代，ポートランド市ダウンタ

ウンの小売業は衰退の一途をたどった。また，1960年代後半，ダウンタウンの南西に位置するワシントン郡の郊外都市タイガード市（City of Tigard）に，大規模な駐車場付きショッピングモール「ワシントンスクエア・モール（Washington Square Mall）」を建設する計画が持ち上がった。この計画の存在を知るや，ポートランド市ダウンタウンの大手小売企業や不動産所有者は半ばパニックに陥った。1968年，大手小売企業やユーティリティー企業，銀行など，ポートランド市ダウンタウンにおける伝統的な大手企業と大地主達はPIC（Portland Improvement Corporation）を組織した。PICは，ダウンタウンにローコストで大規模な駐車施設を建設する可能性をについて検討し始めた。

　ちょうど同じ頃，メイア・アンド・フランクは，同社が所有するポートランド・ホテルの跡地に，10階から12階建てで，駐車台数が800台にものぼる立体駐車場を建設するべく独自に計画を進めていた。メイア・アンド・フランクは，同事業の具体的な計画と実施を，ワシントン州タコマ市（City of Tacoma）の不動産開発業者カート・ピーターソン（Curt Peterson）に委託した[10]。1960年代，メイア・アンド・フランクのダウンタウン本店の売り上げは減少の一途をたどった。1958年，同店の年間販売額は4848万5000ドルであったが，1968年には3430万ドルにまで落ちこんだ[11]。また，ダウンタウン本店が立地するブロックとその周辺は，ポートランド市内でも地価が最も高い場所であったが，その不動産評価額も下落しつつあった。実際，1959年から1969年までの間にポートランド市の不動産税（real estate tax）率が上昇し，また，年間インフレ率は平均4%から5%であったにもかかわらず，1959年から1961年までの本店の不動産税総額が年間平均19万9200ドル（名目値）であったのに対し，1967年から1969年までの不動産税総額は年間平均20万1600ドル（名目値）とあまり変わらなかった[12]。メイア・アンド・フランクは，巨大な立体駐車場を建設することで，ダウンタウン本店の地盤沈下に歯止めをかけようとしたのである。

　ピーターソンは，駐車場建設のために必要とされる条件付き土地利用許可（conditional use approval）をポートランド市都市計画委員会に申請した。1970年1月，ポートランド市都市計画委員会は，申請を審査するために公

聴会を開いた。公聴会には 100 人以上の参加者が集まった。公聴会では，メイア・アンド・フランクの代表および，オレゴン AFL-CIO（アメリカ労働総同盟・産別会議）の代表，ダウンタウンの商人の 1 人が計画に賛成する意見を述べた。しかしその一方で，ポートランド・アート委員会（Portland Art Commission）やコロンビア・ウィラメット大気環境局（C-WAPA），アメリカ建築家協会ポートランド支部（Portland Chapter, American Institute of Architects: AIA），女性有権者連盟（League of Women Voters）の代表，さらにベティ・マーテン[13]などの市民が相次いで反対の意見を述べた。同事業に反対する人々の立場は，公的機関や市民団体，専門家，一般市民など多岐にわたっていた。しかし，彼らはその反対理由として，共通する以下の 2 点を挙げた。第 1 に，当該事業によってダウンタウンの交通渋滞問題がさらに悪化すると考えられたこと。第 2 に，当該事業はすでに深刻な状態にあったダウンタウンの大気汚染と騒音の問題を一層深刻化させる可能性があったことである。公聴会の場において，ポートランド市に住む主婦ベティ・マーテンは次のような意見を述べた。

> 私はポートランド市の女性を代表して発言している。私達女性の行動は，ポートランド市ダウンタウンにおける小売業の盛衰に大きな影響を及ぼすはずである。駐車場をもう 1 つ作っても，ダウンタウンの小売業は再生しない。駐車場をもう 1 つ作っても，ダウンタウンから離れた買い物客を呼び戻せない。（ウィラメット川の東側につくられた）ロイド・ショッピングセンターは，広々としていて緑が豊かである。まるで公園のような環境が，私達買い物客を惹きつけている。ロイド・ショッピングセンターと同じように，ダウンタウンが心地よい買い物環境を提供することはできないだろうか。ダウンタウンは，車と騒音，大気汚染ばかりが目につく場所ではなく，歩道と公園，人々の姿があふれる場所になりうるはずである。それとも，巿当局は，ダウンタウンの大気汚染がどんどん深刻化し，生活環境がさらに悪化する状況を座視するというのか。私達の都市，そして私達の子供のために，その選択肢は私達の手の中にある（記録映画『パイオニア・コートハウス・スクエア（*Pioneer Courthouse Square*）』の脚本による。括弧は筆者による）[14]。

結果として，ポートランド市都市計画委員会は，ピーターソンの申請に対して不許可の判断を下した。

　上述の公聴会の様子は，1960年代ポートランド市ダウンタウンの再活性化政策に対して，幅広い社会階層の市民が不満を持っていたことをはっきりと示している。同様の傾向は，公聴会の後，ポートランド市最大の地元紙である *The Oregonian* 紙の読者投書欄に寄せられた投稿にも示されている。投書した人々は，都市計画委員会が下した申請不許可の決定に賛同する立場を表明した上で，次の2つの提案を行った。1つ目は，ダウンタウンの交通問題を解決するためには，公共交通を整備する方法を考える必要がある，という提案であった[15]。投書を行った人々は，駐車場建設のための用地を減らすことで，公園などの公共施設をつくる用地を得ることができ，ダウンタウンの魅力を高めることにつながると主張した[16]。もう1つの提案は，マルトノマ郡およびクラカマス郡，ワシントン郡の3つの郡から構成される広域の交通システムを検討する機関として，トライメット（Tri-County Metropolitan Transportation District: Tri-Met）がすでに設立されていることを受け，ダウンタウンを含めた広域の交通システムに関する総合的な計画が作成されるまでは，ダウンタウンにおけるいかなる駐車施設の建設も許可すべきではない，というものであった[17]。これらの投書に示されるように，この頃既に公共交通という選択肢の存在が一般市民の間で認識されるようになっていた。また，都市圏という広い範囲の中で，ダウンタウンが果たす役割や目指す「在りよう」をまず明確に示すべきである，という指摘が市民からもなされ始めたのである。

　ポートランド市の新しい世代の専門家達（都市計画者や建築家など）や政治家達は，こうした市民の変化を敏感に察知し，それをチャンスとして捉えた。そして，ダウンタウンに関する総合計画の作成に向けて迅速に行動に移した[18]。1968年にPICが設立され，ダウンタウンで駐車場をつくる計画について検討が行われた。PICは，翌年の1969年になると，同検討業務をポートランド市の民間コンサルティング会社CH2M社に委託した。CH2M社は，1969年に亡くなったコミッショナーのボウズの後任に指名され，1970年の市会議員選で当選したロイド・アンダーソンが勤務していた会社である。同

社は,ポートランド市の公共事業や都市計画に対して長らくコンサルティング・サービスを提供していた。CH2M 社の建築家および都市計画者達は,ピーターソン(メイア・アンド・フランク)が提案した駐車場建設計画に対して市民の反対が高まっていることや,ポートランド市都市計画委員会が同計画に下した申請不許可の審査結果を根拠にし,1970 年 PIC に対して,都市圏においてダウンタウンが目指す役割および,その役割を実現するための手段を検討するべきであると提案した。一方,PIC も,市民による反対運動を誘発することなく実現可能な計画を得たかったため,CH2M 社の提案を受け入れた。そして,新たな計画作成のため,10 万ドルの資金を CH2M 社に提供した。

　PIC の説得に成功した CH2M 社は,今度はポートランド市とオレゴン州に対して,ポートランド市ダウンタウンに関する総合計画の作成に参加するよう説得を開始した。ポートランド市は,都市計画局の専門職員が計画作成の作業を分担することに同意した。また,マルトノマ郡は,計画局長ロバート・バルドウィン(Robert Baldwin)を作業のコーディネーターとして派遣した。さらに,オレゴン州高速道路局は,ポートランド市ダウンタウンの交通状況に関する調査を実施することに同意した。オレゴン州高速道路局が調査費を負担し,実際の調査作業はポートランド市のコンサルティング会社デリュー・キャザー社に委託された。第 2 節で説明するが,デリュー・キャザー社は,ハーバードライブの代替案などに関する分析についても依頼を受けた会社である。

　こうして,ポートランド市ダウンタウンに関する総合計画の作成が始まった。作業期間は 15 カ月間と定められ,1972 年 2 月に計画案が完成する予定であった。

第 2 節

ダウンタウンに関する総合計画の作成

第 1 項　作成にかかわった組織,総合計画の理念

　ポートランド市ダウンタウンの総合計画の作成には,多様な組織が関わっ

た。図3-1は、これらの組織を図示したものである。この図に示されるように、総合計画を承認する役割を担い、計画実施の主な責任者となったのは、ポートランド市議会および市都市計画委員会であった。同市のダウンタウンは高速道路に囲まれている。また、ダウンタウン内には公共交通も走っている。さらにウィラメット川の西岸もダウンタウンに含まれる。そのため、ダウンタウンの総合計画を作成する際には、高速道路の管理機関であるオレゴン州高速道路管理局や公共交通の管理・運営機関であるトライメット、さらにウィラメット川沿いに土地を所有するポートランド港、マルトノマ郡の諸機関との間で情報の共有および調整作業を行う必要があった。マルトノマ郡は、計画作成作業のコーディネーターとしてバルドウィン計画局長を派遣した。計画作成の具体的な作業を担当したのは、ポートランド市都市計画局の職員および、デリュー・キャザー社とCH2M社のスタッフ達から構成されるワーキング・グループであった。一方、ダウンタウン総合計画の作成が始

図●3-1　ダウンタウン総合計画作成の組織図

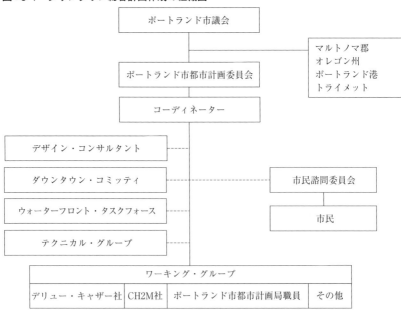

注：実線は、報告または指示の関係を示す。点線は、情報・サービスの提供または調整の関係を指す。
出所：未刊行物 *Downtown Plan Work Program*（ポートランド市公文書・記録センター所蔵）により筆者作成。

まる以前に，ウィラメット川ウォーターフロントの土地利用計画について，ウォーターフロント・タスクフォースによって既に検討が開始されていた。そのため，ウォーターフロント・タスクフォースによる検討内容とその結果もまた，ダウンタウン総合計画のワーキング・グループと共有されることになった。テクニカル・グループは主にエンジニアと都市計画者によって構成されていた。ポートランド市当局の交通エンジニアやポートランド港の都市計画者・エンジニア，オレゴン州高速道路局のエンジニア，マルトノマ郡のエンジニア，トライメットの管理職などが同グループに参加した。テクニカル・グループは，ワーキング・グループと協力し，市議会によって承認されたダウンタウンの役割に関するコンセプトを，具体的な事業案に落とし込んだ。さらに，ワーキング・グループを構成したコンサルティング会社の他，著名な造園家・環境デザイナーであるローレンス・ハルプリン（Lawrence Halprin）や，建築家ピエトロ・ベルシ（Pietro Belluschi）などが，デザイン・コンサルタントとして環境・建築物のデザインに関してアドバイスを行った。

総合計画の作成プロセスにおいては，ダウンタウンの大手企業および一般の市民達も重要な役割を果たした。まず，ダウンタウンの大手企業の役割について見てみよう。1970年秋以降ワーキング・グループは，ダウンタウンのすべてのブロックについて，1つ1つその用途および建物の状態を調べた。その上で，調査結果に基づき，ダウンタウンが目指すべき役割および，実施可能な事業について，提案をリストアップし始めた。この調査に資金の一部を提供したPICの主要メンバー13社の代表は，ダウンタウン・コミッティ（Downtown Committee）を組織し，ワーキング・グループと頻繁に会合を開き，調査結果を逐一把握した。市都市計画局長ロイド・キーフェは，ダウンタウン・コミッティとの会合において，「我々ポートランド市都市計画局が，ダウンタウンの街路と交通状況について総合的に調査する初めての機会となった」と調査の重要性を述べた上で，ダウンタウンの総合計画が作成されるまでの間，駐車場建設を一時的に中止するという市の政策について，ダウンタウン・コミッティの賛同を求めた[19]。ダウンタウン・コミッティは，市当局の要請を受け入れた。

ダウンタウン総合計画の作成を最初に提案したコンサルティング会社CH2M社のスタッフ達やポートランド市都市計画局の都市計画者達，コーディネーターを務めたバルドウィンは，いずれも，計画作成プロセスには多様なバックグラウンドの市民を参加させる必要があると強く主張した[20]。そのため1970年末，ポートランド市の都市計画を主管するフランシス・イヴァンシ市会議員は，計画作成のための「市民諮問委員会（Citizen's Advisory Committee: CAC）」を立ち上げることを決めた。諮問委員会のメンバーを選定する業務は，ポートランド州立大学のロン・セーズ（Ron Cease）教授を委員長とした臨時委員会に委託された。1971年3月，臨時委員会は，住区のコミュニティ組織の代表やダウンタウンの利用者代表，活動家の代表など，計18人をCACのメンバー候補としてイヴァンシ市会議員に推薦した。イヴァンシは，臨時委員会によって推薦されたメンバーの大多数を受け入れた。

　CACは形式的な組織ではなく，ダウンタウンの総合計画の作成において2つの重要な作業を担った。1つは，ワーキング・グループによる調査とは別に，ダウンタウンが果たすべき役割について，ダウンタウンの35人の不動産所有者・ビジネスオーナーに対してCAC独自のインタビューを実施した。インタビュー結果はワーキング・グループとの間で共有された[21]。CACが行ったもう1つの作業は，「ダウンタウン・プラン・ニュース（*Downtown Plan News*）」という不定期の新聞を発行し，ダウンタウン総合計画の作成に関する情報を一般市民に広く公開したことである。また，1971年6月から1972年2月までの間，毎週木曜日の夜7時半から，市内各住区のコミュニティセンターまたは市都市計画委員会のオフィスにおいてオープン・ミーティングも開催した[22]。オープン・ミーティングの場では，市都市計画局のスタッフが，調査の結果とそこから得られた提案を随時市民に報告した。一方，市民とCACは，報告に対して率直なコメントを寄せた。オープン・ミーティングに参加した市民は延べ1000人を超えた。

　Abbott（1983）は，CACが果たした役割を高く評価している。オープン・ミーティングの開催によって，ダウンタウン再開発に関して多くの革新的な提案がなされただけでなく，このミーティングの存在がそれらの提案を正当

化することにも大いに役立ったというのである。この Abbott（1983）による評価は決して過大なものではない。というのも，実際，オープン・ミーティングの参加者達によって，ダウンタウンのバスサービスを改善することや，ダウンタウンを安全に歩けるような場所にすること，ウォーターフロントに公園を作ること，起業家や農家が容易にビジネスをスタートできるパブリック・マーケットを設けることなど，様々な要望と提案が出されたからである[23]。また，オープン・ミーティングの様子と市民から出された要望・提案は，地元の大手新聞である The Oregonian 紙や The Oregon Journal 紙によって報道されたため，同市の政治家達はそれらの提案に反対する立場をとりにくくなった。

　1971 年 11 月，CAC は，ダウンタウンが果たすべき役割および，その再開発の目標について，「理念と目標に関する中間報告書（Preliminary Statement of Goals & Objectives）」をまとめ，テリー・シュランク市長に提出した。中間報告書の冒頭において，CAC は，自動車のために使われているダウンタウンの土地（道路と駐車場）がすでにダウンタウン全体の 60%にまでに拡大している現状を指摘し，そうした状況を根本的に変えるべきだとの目標を掲げた。その上で，ダウンタウンが目指すべき 4 つの目標を宣言した。第 1 に，小売集積地としての競争力を維持する。第 2 に，ダウンタウンおよびその周辺の多様な社会階層の人口を維持する。これを実現するために，ダウンタウン周辺の古い住区を取り壊すのではなく，保存し修繕することを推奨する。第 3 に，自動車道と，歩行者が歩く歩道とを分離させる。オープン・ミーティングを通じて，自動車利用者・歩行者双方がダウンタウン内での移動しにくさを感じているという現状が明らかになっていた。そして，最後に，ウィラメット川西岸のウォーターフロントを，市民が様々な活動を行えるような場所にする。報告書によって掲げられたこの 4 つの目標は，今日に至るまで，ポートランド市ダウンタウンのまちづくりにおける基本理念となっている。

第 2 項　ウォーターフロントの計画

　ポートランド市ダウンタウンの一部であるウィラメット川の西岸について

は,ダウンタウン総合計画が検討され始めた時期よりも早い 1968 年半ば頃から,その土地利用について検討する作業が始まっていた。そのきっかけとなったのは,1968 年,ウォーターフロントに立地する「オレゴン・ジャーナル・ビル(Oregon Journal Building)」をポートランド市当局が購入し,老朽化したビルの取り壊しを決めたことであった。

　写真 3-4 は,1940 年代のオレゴン・ジャーナル・ビルを写したものである。この建物は,1933 年にポートランド市の公設市場(Public Market)として建設された。2.5 ブロック分を占める巨大な建物であり,後の 1940 年代に建設された高速道路ハーバードライブに隣接していた。この建物は第二次世界大戦中米国海軍に貸与されたが,戦後の 1946 年にポートランド市の大手新聞社「オレゴン・ジャーナル社(The Oregon Journal)」に売却され,その後は同社の本社ビルとして使われた[24]。1967 年,建物の所有者であった「ニューハウス・パブリケーションズ(Newhouse Publications)」が建物をル

写真●3-4　オレゴン・ジャーナル・ビル(1940 年代)

注:写真上部に映っている建物が,オレゴン・ジャーナル・ビルである。屋上部のタワーには,ビルの名称「ジャーナル(JOURNAL)」の文字が見える。ビルに向かって右手を走るのが,高速道路ハーバードライブである。ハーバードライブはオレゴン・ジャーナル・ビルの東側に位置していた。
出所:Oregon Historical Society, #bb004300.

イス・アンド・クラーク大学（Lewis and Clark College）に寄付し，翌年の1968年，同大学がこの建物をポートランド市に売却した[25]。1968年，オレゴン・ジャーナル・ビルを購入したポートランド市は，既に老朽化し，ウィラメット川ウォーターフロントにおける貴重な土地の多くを占拠していた当該建物の取り壊しを決定した。同年末，ウィラメット川を管轄するオレゴン州土地委員会（Oregon State Land Board）も市当局の計画を承認した[26]。

　1968年7月，オレゴン・ジャーナル・ビルの取り壊しが市当局によって決定されたことを受け，その跡地の利用方法について検討が始まった。1968年9月，ポートランド市会議員で，都市計画を主管していたイヴァンシは，ハーバードライブを現状より西側へ，すなわちオレゴン・ジャーナル・ビルの跡地部分に移し，6車線から8車線へと拡幅する一方，ハーバードライブの跡地を公園にする計画案を *The Oregonian* 紙に発表した[27]。

　ウィラメット川西岸のウォーターフロントをダウンタウンの一部と見なし，人々がダウンタウンとウォーターフロントとの間を行き来する際の障害となっていた高速道路ハーバードライブの撤去が検討されるようになったのは，1968年10月以降，オレゴン州知事トム・マッコール（Tom McCall）が同問題に介入し始めた後のことである。1967年にオレゴン州知事に就任したマッコールは，政治家になる前はジャーナリストとして活躍していた。1962年，マッコールは，ウィラメット川の深刻な汚染問題を描いた記録映画『ポリューション・イン・パラダイス（Pollution in Paradise）』を製作し，環境保護運動の活動家として名をはせていた。

　1968年10月5日付の *The Oregonian* 紙の報道によると，州知事マッコールは，オレゴン・ジャーナル・ビルの跡地利用および高速道路ハーバードライブの拡幅計画について，シュランク・ポートランド市長およびマルトノマ郡委員会委員長（Multnomah County Commission Chairman）ジェームズ・グリーソン（James Gleason）と会談した後，「もし我々がウィラメット川沿いに8車線の高速道路をつくってしまったら，二度とこの川を見ることはなくなるだろう」とコメントしたという[28]。そして，1968年10月7日，州知事マッコールは，ポートランド市議会とマルトノマ郡委員会が開いたオレゴン・ジャーナル・ビルの跡地利用に関する共同検討会の場において，オレゴ

ン州およびマルトノマ郡,ポートランド市の担当者から構成されるタスクフォースを組織し,ウォーターフロントに関する総合計画を立てることを呼びかけた。その際,マッコールは次のようなスピーチを行った。

> オレゴン州高速道路局に対して私が与えたのは,「ウォーターフロントを人々がアクセスしやすい場所にする方法を見つけなさい」という指示である。我々は,自身の怠慢によって,コンクリートとハイスピード自動車交通からなるベルリンの壁を作るべきではない。ポートランド市ダウンタウンにおける最も魅力的な場所であり,様々な活動を行うことができるはずのウォーターフロントに市民が行けなくなるような状況を,絶対に作ってはならない
> (*Report on Journal Building Site Use and Riverfront Development*[29], pp.3-4)。

州および郡,市の代表から構成されるウォーターフロント・タスクフォースをつくるというマッコール知事の提案は,ポートランド市長のシュランクおよびマルトノマ郡委員会委員長のグリーソンからも賛同を得た。こうして,9人のメンバーからなるウォーターフロント・タスクフォースが形成された。

ハーバードライブは,もともとはポートランド市ダウンタウンの混雑を迂回するためのバイパスとして建設された高速道路である。ところが,1960年代,ハーバードライブとほぼ並行する形でウィラメット川東岸に高速道路I-5号線が建設され,加えてダウンタウンの西境界を走る高速道路I-405号線が建設された(写真1-2)。さらに,1966年,I-5号線がウィラメット川を横切る際の橋としてマルクアム・ブリッジ(Marquam Bridge)がオープンし,1973年には,I-405号線がウィラメット川を横切る際の橋として,フレモント・ブリッジ(Fremont Bridge)も開通する予定であった(写真1-2)。こうしたダウンタウンを囲むような環状高速道路が建設されたことによって,ハーバードライブは建設された当初ほど重要な役割を果たさなくなっていた。

1969年から1970年にかけて,ウォーターフロント・タスクフォースは,ハーバードライブについて以下の4つの案を検討した。すなわち(1)オレゴ

ン・ジャーナル・ビルの跡地にハーバードライブを移転する，(2)ハーバードライブを地下高速道路として作り直す，(3)現在のハーバードライブは撤去し，その代わりに西側に隣接する一般道を高速道路にする，(4)ハーバードライブを撤去し，代わりの高速道路も建設しない，という4つの案であった。以上4つの案を検討した結果，タスクフォースは(4)案を推奨した[30]。ポートランド市会議員で公共事業を主管していたロイド・アンダーソンは，タスクフォースや州知事，オレゴン州高速道路局長，公共交通機関トライメットの理事達と頻繁に連絡をとりあい，1971年4月，(4)案に賛同するようポートランド市議会を説得した[31]。

このようなウォーターフロントの土地利用計画の進展は，同時に進行していたダウンタウンの総合計画づくりにも反映された。ダウンタウンとウィラメット川西岸のウォーターフロントとが1つのエリアとして見なされるようになり，両者一体としての土地利用計画が検討されるようになったのである。1972年，ポートランド市議会は，ハーバードライブを撤去する計画を承認した。

第3項　ダウンタウンの総合計画：1972年ダウンタウン・プラン

1972年，ワーキング・グループは，テクニカル・グループの協力を得て，CACが掲げたポートランド市ダウンタウン開発の理念と目標を，具体的な事業に落とし込んだ。ここに，ダウンタウンの総合計画「1972年ダウンタウン・プラン（Downtown Plan, 1972）」が完成した。この総合計画の作成のために，オレゴン州高速道路局とPIC，ポートランド市は計53万5500ドルの資金を投入した（Portland (Or.) League of Women Voters, 1972）。1972年12月，ポートランド市議会は満場一致でダウンタウン・プランを承認した[32]。

図3-2はダウンタウン・プランの事業計画を図示したものである。CACが掲げたダウンタウンの目標を実現するべく，ダウンタウン・プランには主に4つの事業計画が盛り込まれた。すなわち，(1)ダウンタウンの背骨となる，バス専用道が設けられた道路「トランジット・モール（Transit Mall）」の建設，(2)東西に延伸する小売集積地の整備，(3)ハーバードライブの撤去およびその

跡地の公園化，(4)歴史的建造物保存地区や官庁地区など特別地区の設定および建造物の修繕，の4つである。

図 3-2 に示されるように，トランジット・モールは，オフィスが最も集中

図●3-2　1972年ダウンタウン・プランの事業計画

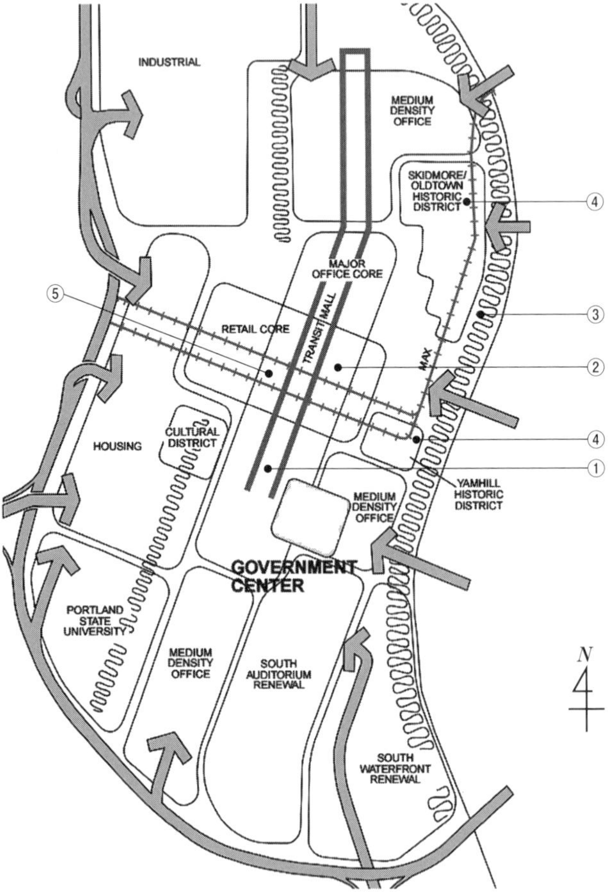

注：図上に記載された番号は，それぞれ以下のものを表している。
　①南北に走る公共交通道路トランジット・モール。
　②小売店舗が集積する地区。
　③ウォーターフロントの公園，オープンスペース。
　④歴史的建造物の保存・修繕・再利用地区。
　⑤パイオニア・コートハウス・スクエア。
出　所：City of Portland, Office of Transportation, *Elements of Vitality Results of The Downtown Plan* により筆者作成。

する地区を南北に走る道路である。トランジット・モール整備のために，ダウンタウンの主要道路であるサウスウエスト・フィフス・アベニュー（SW 5th Avenue：南行き一方通行の 3 車線道路）とサウスウエスト・シックス・アベニュー（北行き一方通行の 3 車線道路）に，バス専用道を設けることが決定された。すなわち，この 2 本の道路について，サウスウエスト・マディソン・ストリート（SW Madison Street）からウエスト・バーンサイド・ストリート（West Burnside Street）に至るまでの区間，3 車線のうち 1 車線をバス専用道とすること，また交通ピーク時にはさらにもう 1 車線をバス専用道として使用することが定められたのである。より多くの歩行者をトランジット・モールに惹き付けるために，バス専用道の敷設にとどまらず，歩道の大幅な拡幅や，パブリックアートや椅子を配置したバス停の整備などが計画された。

　一方，トランジット・モールを東西に横切る道路サウスウエスト・モリソン・ストリート（SW Morrison Street）には公共交通を走らせると同時に，道路の両側に小売集積地が延伸するような整備を施すことが計画された。小売集積地の東西の両端それぞれに，駐車場を建設する案も盛り込まれた。車でダウンタウンを訪れた人々に，小売集積地の入り口付近に駐車してもらい，徒歩でゆっくりショッピングを楽しんでもらおうとしたのである。

　ウォーターフロントについては，オレゴン州およびマルトノマ郡，ポートランド市による検討結果がダウンタウン・プランにも盛り込まれた。ハーバードライブを撤去することで，ダウンタウンとウォーターフロントを隔てていた交通バリアが除去されることになった。また，ハーバードライブの跡地を公園にするとともに，それに隣接するポートランド市発祥の地周辺の歴史的建造物を保存・修繕して，小売店舗として再利用することが計画された。

　上述のように，ダウンタウン・プランのコンセプトは，交通システムを変えることによって土地利用の在り方を変え，そのことを通じて，ポートランド市ダウンタウンが持つ特有の価値を，企業および市民，訪問者に提供しようというものであった。

　図 3-3 はダウンタウン・プランのコンセプトを整理したものである。バスが走るトランジット・モールとその他の道路を分けることで，自動車利用者

に交通渋滞の軽減を提供する。その一方，歩行者にとって利用しやすい公共交通サービスおよび質の高い歩行環境を整備する。また，便利な公共交通サービスを提供することでその利用者を増やし，結果的に必要性のなくなった駐車場スペースを，歴史的建造物の保存や再利用，小売店やオープンスペースの増加に活用する。このような方法で，ポートランド市ダウンタウンをかつてのような小売の中心地・文化の中心地・歴史の中心地へと回復させ，ダウンタウンにしかない魅力によって，企業および訪問者，歩行者を惹きつけようとしたのである。

　1972年に作成されたダウンタウン・プランは，連邦や州が提示したモデル事業をポートランド版に焼き直したものではない。むしろ，ダウンタウンの関係者と都市計画者・専門家自らが，ダウンタウンが直面する諸問題に関して検討する必要性を強く感じたところから，同プランの作成作業は始まった。また，1972年ダウンタウン・プランは，ダウンタウンの現状に対する詳細な調査の結果に基づいて作成されたものである。その作成過程においては多様な代替案が検討された。さらに，その検討結果は逐一主要なステークホルダーとの間で情報共有された。こうしたプロセスを経たからこそ，公的機関やダウンタウンに立地する企業，住民などのステークホルダー達は，自らの利益と他のステークホルダーの利益とが時にトレードオフの関係にあることを十分に認識することができた。その上で，自ら譲歩できるものと譲歩できないものとを明確化していった。もちろん，1972年ダウンタウン・プランは，ステークホルダー達の全ての要求を満たすものではなかった。それでも，それぞれのステークホルダーに対して何らかの利益を提供するもので

図●3-3　1972年ダウンタウン・プランのコンセプト

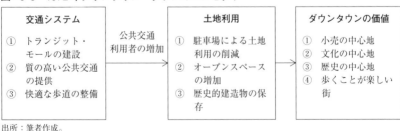

出所：筆者作成。

はあった。だからこそ，多様なステークホルダーに受け入れられたのである。例えば，小売企業に対しては歩行者や夜間・休日の訪問者の増加を，オフィス従業員に対しては廉価で便利な公共交通と文化的な雰囲気・環境・施設を，住民を含む歩行者に対してはきれいな空気と安全で快適な歩行環境を提供することを目指した。

　現場の実情をきちんと把握し，多様な選択肢を検討し，さらにステークホルダーとの情報共有を重視したこのような計画作成手法は，1943年ニューヨークの専門家ロバート・モーゼスに委託し，たった2カ月間で作成されたインフラ整備・公共事業計画ポートランド・インプルーブメントや，1950年から60年代にかけて実施されたアーバンリニューアル事業とは根本的に異なるものである。こうした計画作成手法こそが，1972年ダウンタウン・プランを革新的なものにしたと言えよう。

第3節
ダウンタウン・プランの実施
トランジット・モール事業

　1972年ダウンタウン・プランの制定は，1970年代以降，ポートランド市ダウンタウンが経験する様々な変化の始まりに過ぎなかった。計画された事業を実施へと移し，ダウンタウンが目指すべき役割を具現化する作業は，決して容易なものではなかった。1972年ダウンタウン・プラン内で計画された事業は，1970年代から1980年代にかけて実施に移された。以下では，主要な事業であるトランジット・モール事業および都心の公共広場事業の実施について詳細に説明する。

第1項　トライメットの設立

　交通政策こそがダウンタウン再活性化の鍵であり，トランジット・モールの成否は，ダウンタウン・プランの成否に直結するといっても過言ではなかった。このトランジット・モールの建設を担当したのが，トライメットである。

　1969年まで，ポートランド市におけるバス運行は，民間のバス会社

RCTC（Rose City Transit Company）が行っていた。ポートランド市は，米国の西海岸の大都市において，唯一バス運行が民間企業に委託されている都市であった[33]。1968年，RCTCによる運賃値上げ申請と労使紛争という2つの出来事により，ポートランド市のバスサービスは危機的な状況に陥った。

そもそも，RCTCの路線数は少なく[34]，バスの保有台数が少ないばかりか，その多くを旧型のバスが占めていた。にもかかわらず，1968年当時の運賃は，全米で最も高いレベルの35セントであった[35]。こうした高い運賃設定のために，ポートランド市において生活保護を受給している市民達はバスを利用することができなかった。当然のことながら，市民のRCTCに対する不満は大きかった[36]。

当時のポートランド市におけるバスサービスの貧弱さと利用率の低さは，近隣都市サンフランシスコ市と比較すると一目瞭然であった[37]。公共交通を市内の主要な交通手段に据えた政策を採用していたサンフランシスコ市は，市の一般会計から公共交通をサポートする補助金を提供していた。1968年，同市のバス運賃は20セントで，学生と高齢者の運賃に至ってはたった5セントであった。質の高いバスサービスにより，サンフランシスコ市人口の20％がバスなどの公共交通を利用し，この比率は，ミシシッピ川より西の都市において最も高い値であった。サンフランシスコ市とは対照的に，バス運行を民間企業に委託していたポートランド市では，1968年全人口に占めるバス利用者の比率はたったの3.5％であった。1968年，RCTCはただでさえ高かったバス運賃をさらに5セント値上げし，40セントとすることをポートランド市に申請した。この申請を受けて，市当局は，RCTCに与えていたバス運行許可を取消し，市自らバス運行を担うことを決定した。こうしたポートランド市当局の決定に対してRCTCは当然反発した。バス運行許可を取り消したことについて，ポートランド市を提訴する手段も辞さないことを市に通告した[38]。

市当局とRCTCとの間で衝突が起こると同時に，1968年10月から11月にかけて，今度はRCTCのドライバー達の労働組合が賃上げの要求を提出した。労使紛争の勃発により，ポートランド市のバスサービスは3日間完全に停止した[39]。このように，RCTCおよびポートランド市，労働組合の3者

の利害が衝突し，ポートランド市のバスサービスは極めて不安定な状況に置かれた。

　このような危機的な状況の中，1969 年，オレゴン州議会が下院議案 1808（House Bill 1808）を賛成 54 対反対 3 の大差で可決した[40]。ポートランド市当局は，この法律の成立を大いに喜んだ。この法律により，マルトノマ郡およびクラカマス郡，ワシントン郡の 3 つを含む広い範囲において，オレゴン 3 郡都市圏交通機関特別区，すなわちトライメットを設立することが決定されたのである。トライメットは，ポートランド市内を走る RCTC および郊外を走るブルーバス（Blue Bus）を買収し，上記の 3 郡において公共交通サービスを一手に引き受ける機関となった。トライメットには大きな権限が与えられていた。給与税（payroll taxes）をその財源に充てることが許されており，バス運行権と運賃設定権の他，地下鉄やモノレール，さらにターミナルなどの建設権が与えられた。トライメットの設立は，ポートランド都市圏において本格的に公共交通を整備しようというオレゴン州の固い決意の表れであった。トライメットの最高意思決定機関は，州知事によって指名される 7 人の理事から成る理事会である。初代の理事長は，ポートランド市の有名な百貨店チェーンであるリップマン・ウルフ（Lipman Wolfe & Co.）の元会長ウィリアム・ロバーツ（William Roberts）が務めた[41]。

　設立から 1972 年までにかけて，トライメットは，1970 年都市公共交通補助法を活用し，連邦都市公共交通局（Urban Mass Transportation Administration, UMTA, 現 Federal Transit Administration: FTA）から約 750 万ドルの補助金を獲得した。さらに，給与税と連邦補助金とのマッチングファンドにより，RCTC とブルーバスを買収した。また，エアコン付きの新型バスを 200 台以上購入し，バス停を増設した[42]。ポートランド市の地元紙 *The Oregonian* は，トライメットが設立されて以降，ポートランド市と郊外地区のバスサービスが大きく改善したと評価した[43]。

第 2 項　トランジット・モールの建設

　ダウンタウン・プランが承認された翌年の 1973 年，ポートランド市議会は，ダウンタウン・プランにおけるもっとも主要な事業であるトランジッ

ト・モールの計画と建設を，トライメットに委託した。総事業費予算が約 1250 万ドルにも上るトランジット・モール事業の成敗は，いかに資金調達するかにかかっていた。

　トライメットとポートランド市議会は，トランジット・モールの資金調達について，1970 年都市公共交通補助法を活用し，連邦都市公共交通局（UMTA）に積極的に補助金を申請することで，事業費予算の約 80% に相当する 960 万ドルを連邦補助金で賄おうとした[44]。ところが 1973 年 10 月，UMTA からは，トランジット・モールの設計を変更しない限り，ポートランド市・トライメットが申請した補助金額の半分しか支出を検討することができない，との通告が届いた。このような通告がなされた原因は，トランジット・モールのデザインにあった。自動車利用者の利便性をも図るべきだとするダウンタウン大手企業の要望を受け入れた形の計画では，トランジット・モールとして整備される 2 本の一方通行道路はいずれも，バス専用道および自動車道がそれぞれ 1 車線ずつ，バス・自動車共用道が 1 車線の計 3 車線で設計されていた。UMTA はポートランド市に対して「公共交通のための施設には補助金を提供するが，自動車道に補助金を与えることはできない」と通告したのである[45]。通告を受けたポートランド市議会は，2 つの選択肢から 1 つを選ばなければならない状況に追い込まれた。すなわち，ダウンタウンの大手企業の要望を優先し，連邦補助金を当初予定の半額以下しか受け取れない状況を甘受するか，大手企業の要望には応えず，トランジット・モールをバス専用道のみとして整備するか，のいずれかであった。

　ニール・ゴールドシュミット市長と市会議員ロイド・アンダーソンの主導により，ポートランド市議会は，早くも 1974 年 1 月，トランジット・モールをバス専用道に変更するとの決定を下した。また，トライメットの理事長であり，ダウンタウンの著名な百貨店チェーンの元会長でもあったウィリアム・ロバーツは，ダウンタウンの企業，とりわけ大手小売企業の説得に努めた。ロバーツは，トランジット・モールが完成すれば，トランジット・モール周辺エリアの歩行者数は第二次世界大戦前の人数にまで回復すると予想した上で，自らの小売経験に基づき，これほど大きく増加する潜在顧客を「もし商人側がつかまえることができないのだとしたら，そもそも商売を辞める

べきである」と力説した[46]。

　その後，ポートランド市およびトライメット，UMTAは，トランジット・モール内における自動車交通の流れについて詳細に検討し，3車線のうち2車線をバス専用道とすることで合意に達した。1976年はじめ，UMTAは，ポートランド市のトランジット・モール計画に対して申請通りの連邦補助金額を与えることを決定した。同年4月に工事が始まり，翌年1977年末にトランジット・モールが完成した。

　写真3-5は，1980年のトランジット・モールの様子を写したものである。この写真から分かるように，トランジット・モールの完成により，ダウンタウン内でバスが全く動けなくなるというような1960年代の状況（写真3-3）は根本的に変わった。時刻表通りに頻繁に運行されるバスサービスにより，ダウンタウンへのアクセスと交通渋滞が大きく改善された。また，拡幅されたレンガ舗装の歩道は，歩行者が安全かつ快適に歩くための環境を提供しており，洗練されたデザインのバス停は雨が多いポートランド市において居心

写真●3-5　トランジット・モール（1980年）

出所：Oregon Historical Society, #bb014375.

第3章　まちづくりのターニングポイント：1970年代ダウンタウンの再生

写真●3-6　ポートランド市ダウンタウンのバス停（2016年）

注：写真左上の電子掲示板には，バスの運行状況が示されている。バス停の屋根はガラス張りになっており，雨が多いポートランド市の雰囲気を明るくしている。
出所：筆者撮影。

地の良い雨宿りの場所となった（写真3-5と写真3-6）。こうした質の高いトランジット・モールの整備は，ポートランド市のダウンタウンの様子を一変させた。

第4節
ダウンタウン・プランの実施
広場こそが都市特有のスペース

第1項　都心の一等地に広場をつくる

　ポートランド市ダウンタウンにおいて，サウスウエスト・ブロードウェイ（SW Broadway）および，サウスウエスト・シックス・アベニュー，サウスウエスト・モリソン・ストリート，サウスウエスト・ヤムヒル・ストリート

(SW Yamhill Street)に囲まれる4万平方フィート(3716㎡)のブロックは，ポートランド市内でも最も地価が高いブロックの1つとして知られる。このブロックには，1858年，ポートランド初の学校「セントラル・スクール(Central School)」が建てられた。また，1875年には，その東側に隣接する場所に「パイオニア・コートハウス(Pioneer Courthouse)」という官庁施設(裁判所，連邦機関出張所，郵便局，税関などが入居していた)が建設された。パイオニア・コートハウスは，現在，国定歴史建造物(National Historic Landmark)に指定されている。その後，セントラル・スクールが別の場所に移転すると，1890年，その跡地にポートランド屈指の高級ホテルであるポートランド・ホテルがオープンした(写真3-1)。1951年，ホテルと土地の所有者であり，市内最大の小売企業であったメイア・アンド・フランクは，老朽化したポートランド・ホテルを取り壊し，駐車場をつくった(写真3-2)。1969年，メイア・アンド・フランクは，この場所に10から12階建ての駐車場を作る計画をポートランド市都市計画委員会に申請したが，その申請が許可されることはなかった。1970年代，ポートランド市当局はこの土地を買収し，そこに「パイオニア・コートハウス・スクエア(Pioneer Courthouse Square)」と呼ばれる公共広場をつくることを決めた。このように，市内で最も地価の高い場所の変遷は，ポートランド市の都市としての発展の歴史を如実に物語っていると言えよう。

　ダウンタウン内で最も地価の高い都心の一等地に，ショッピングモールなどの商業施設ではなく，何ら収入を得られない公共広場をつくるという発想は，一見すると都市の貴重な資源を無駄にしているようにも思われる。しかし，Sorkin(1992)が指摘したように，ショッピングモールは，オーナーによって監視され，コントロールされている場所である。モール内のパブリックと言われるスペースにおいても，現実には言論の自由が制限され，デモ活動を行うことはできない。それとは対照的に，都市は民主主義の場所であり，都市の広場は民主主義が最も機能するはずの場所である。すなわち，「公共広場の整備こそが，都市にしかできない事業」であり，都市特有の魅力なのである。

　1972年ダウンタウン・プランでは，パイオニア・コートハウス・スクエ

ア事業をはじめとして，非常に革新的な事業が計画された。しかし，営利目的の不動産開発でないだけに，その資金調達は一般の事業以上に困難を極めた。そのために事業存続自体が危ぶまれるような時期もあった。そうした問題を解決することができたのは，ポートランド市の革新的な政治家と専門家達が市民同盟をつくり，世論を巧みに利用したことによるところが大きい。

第2項　用地買収

　パイオニア・コートハウス・スクエア事業の実施は，3つのステップに沿って進められた。すなわち(1)メイア・アンド・フランクから土地を買収し，(2)広場のデザインを決め，(3)広場を建設するという3つのステップであった。土地の買収を巡っては，1973年市長に就任したニール・ゴールドシュミットが重要な役割を果たした。当時ポートランド市都市計画局長であったアーニー・ボナーの回顧録によると，ゴールドシュミット市長はメイア・アンド・フランク社の社長であったジム・コエ（Jim Coe）と直接会い，メイア・アンド・フランク側の要求を聞いたそうである[47]。ゴールドシュミット市長の質問に対してコエは，メイア・アンド・フランクが欲しいのは駐車場であり，市が駐車場を提供してくれるならば，パイオニア・コートハウス・スクエアの土地を市に売却しても構わないと答えたという。

　メイア・アンド・フランクとの取引条件を明確に理解したゴールドシュミット市長は，早速市営駐車場の建設にとりかかった。というのも，もともと1972年ダウンタウン・プラン内において，ダウンタウンの小売集積地として計画されたサウスウエスト・モリソン・ストリートの両端それぞれに駐車場を建設する計画が盛り込まれていたからである。1970年代半ば，同プラン内で計画された2つの駐車場の1つ目として，ポートランド市開発局（PDC）は，パイオニア・コートハウス・スクエアからわずか3ブロックしか離れていない場所に，新たな市営駐車場を建設することを計画し始めた。

　メイア・アンド・フランクは，この駐車場のデザインに関して多くの注文をつけた。1976年，メイア・アンド・フランクは，自らがつけた注文により増加した分の駐車場建設費を負担することに同意した。ポートランド市議会は，こうして出来上がった800台収容可能な駐車場のデザインを承認し

た[48]。翌年の1977年，メイア・アンド・フランクの親会社であり，セントルイスに本社がある「メイ・デパートメント（May Company Department Stores Co.）」は，パイオニア・コートハウス・スクエアの土地を250万ドルでポートランド市に売却することに同意するとともに[49]，ポートランド市による広場開発のために50万ドルを寄付した[50]。国定歴史建造物に指定されているパイオニア・コートハウスの隣に公共広場をつくるという事業に対しては，アメリカ合衆国内務省（U.S. Department of the Interior）からも，124万ドルの補助金が得られた。土地買収に必要とされた残りの76万ドルは，市の歳入分与資金（revenue sharing fund）から融資を受けて賄った。

第3項　デザインを巡る紛争：公共の広場かショッピングモールか

　パイオニア・コートハウス・スクエア事業の資金的な問題は，土地買収のステップのみで終わらなかった。広場を建設するための資金を調達する段階で，もっと大きな問題に直面したのである。その原因は，パイオニア・コートハウス・スクエアのデザインにあった。1980年，PDCはパイオニア・コートハウス・スクエアのデザインを決めるために，全米デザインコンクールを実施した。審査委員会は5人の委員から構成された。その5人とは⑴パイオニア・コートハウス・スクエア市民諮問委員会（Pioneer Courthouse Square Citizens Advisory Committee: PCSCAC）のメンバー1人，および⑵パイオニア・コートハウス・スクエア・デザイン委員会（Pioneer Courthouse Square Design Advisory Committee: PCSDAC）のメンバー1人，⑶ダウンタウン・ビジネス・コミュニティ（Downtown Business Community: DBC）のメンバー1人，⑷ポートランド市の著名な建築家・環境デザイナー1人，⑸ポートランド市以外の地域の著名な建築家・環境デザイナー1人の計5人であった[51]。同コンペには全162チームが参加し，5チームのファイナリストが残った。1980年7月，審査委員会は5チームの中から，ポートランド市の建築家ウィラード・マーチン（Willard Martin）らのデザインを推薦した。マーチンのチームは5人で構成されており，建築家および造園家，彫刻家の他，作家や歴史家も入った異色のチームであった。

　マーチン・チームによるデザインの最大の特徴は，屋根のない公共広場で

あった (写真3-7)。市が同スクエアについて描いた「ダウンタウンのリヴィングルームであり，ポートランド市のシンボルで心臓のような場所」というイメージを最もよく表現していた[52]。それに対して，他のファイナリストのデザインの多くは，広場に屋根付きの大きな建物を配置していた。中には，レストランなどの商業施設をデザインしたものもあった。マーチン・チームのデザインは，ポートランド市都市計画委員会および歴史建造物委員会 (Historical Landmarks Commission)，デザイン・レビュー委員会から高い評価を得た。そうした専門家による高い評価を認識しながらなお，ポートランド市議会は，2回の公聴会を開くことを決定した。市民の意見を聞いた上で，マーチン・チームと契約を結ぶかどうかを最終的に判断することにしたのである。

しかし，市議会が開催した公聴会の場において，ダウンタウンの大手企業連合 APP (Association for Portland Progress) は，広場に屋根付きの建物を建てることを強く要求した。さらに，市議会が要求を受け入れない場合，同広

写真●3-7　パイオニア・コートハウス・スクエア（2016年5月）

出所：筆者撮影。

場の建設費用の資金調達に協力することはないと脅した。パイオニア・コートハウス・スクエアの建設費は約 600 万ドルであり，複数の連邦補助金によって既に 450 万ドルは調達済みであった。市当局は，いまだ不足している約 150 万ドル分については，ダウンタウンの大手企業からの寄付を中心に調達することにしていた。APP の脅しの背景には，このような実情があったのである。APP は，屋根付きの建物を要求する理由として，雨の日にも人々が利用できるということに加えて，次の 2 つの理由をあげた[53]。1 つは，屋根付きの建物は「コントロールされたスペース（controlled space）」であり，それが存在することで警官が浮浪者を外に追い出すことができる，という理由であった。APP のメンバーである経営者達は，買い物客は浮浪者がいるような場所を利用したくないはずだと考えた。APP が挙げたもう 1 つの重要な理由は，屋根付きの建物の中にレストランなど売り上げをもたらす施設をつくることで，広場の運営費を稼ぎ出すことができる，というものであった。つまり，APP が欲していたのは，公共の広場というより，むしろ伝統的なショッピングモールであった。

　1980 年末，APP の勢いが増した。というのも，ポートランド市長および，パイオニア・コートハウス・スクエア事業の実施者である PDC の理事長が変わり，新たに就任した市長と理事長はいずれも APP の意見を支持したからである。1973 年ポートランド市長に就任したニール・ゴールドシュミットは，市長 2 期目の途中 1979 年 8 月に，39 歳の若さでカーター政権の米国運輸長官に就任した。そのため，市会議員コニー・マクレディが代理市長に任命された。その後，1980 年の市長選において市会議員フランシス・イヴァンシが当選し，同年 11 月に市長に就任した。*The Oregonian* 紙に「市議会の保守派（Conservative Voice on the City Council）」[54]と呼ばれたイヴァンシは，ゴールドシュミット市長の前任テリー・シュランク市長時代から市会議員を続けているただ 1 人の古参であった[55]。イヴァンシ市長は APP の意見を支持した。

　市長が変わったのとほぼ同時期に，PDC の理事長も交代した。新しい理事長となったのは，トライメットの初代理事長で，実業家のウィリアム・ロバーツであった。ロバーツは，トランジット・モール整備時に，バス専用道

の設計を受け入れるようダウンタウンの大手企業を説得した人物であるが，パイオニア・コートハウス・スクエアのデザインについては，APPの意見を支持した。1981 年はじめ，イヴァンシ市長とロバーツ理事長は，パイオニア・コートハウス・スクエアの建設費用のうち，いまだ不足している約150万ドル分を調達できないことを理由に，同スクエアを建設することができないと宣言した[56]。

第4項　資金調達：公共の広場を市民に「売る」

　イヴァンシ市長とロバーツ理事長の宣言を受けて，パイオニア・コートハウス・スクエア事業を支持していた市民と市会議員の間には深い失望と強い不満が広がった。と同時に，彼らは自ら資金調達活動を開始した。イヴァンシが市長に就任する前のマクレディ代理市長の時代，パイオニア・コートハウス・スクエアの建設資金を調達する市民団体として，「パイオニア・スクエア後援会（Friends of Pioneer Square）」が設立された。市会議員のマイク・リンドバーグ（Mike Lindberg）とチャールズ・ジョーダン（Charles Jordan）が同団体の名誉会長を務めた。パイオニア・スクエア後援会は，広場に敷きつめられるレンガを1つ 15 ドルの値段で市民に売り，レンガを購入してくれたみかえりとして，その購入者の名前をレンガに刻む，という妙案を思いついた（写真3-8）。

　1981 年4月，後援会は早速レンガの販売を開始した。*The Oregonian* 紙は，この創造力あふれるアイディアを大いに報道した。ポートランド市民もまた，この募金活動に積極的に参加した。同年9月までの5カ月間で，実に2万個のレンガが販売された[57]。また，広場建設予定地においてレンガを販売する活動などに，多くの市民ボランティアが参加した。このような市民には，専門職業人や家庭の主婦，学生，秘書，ビジネスマン，定年退職者など，様々な職種・社会階層の人々が含まれた[58]。この時点で APP は，パイオニア・コートハウス・スクエア建設に対する反対要求を取り下げた[59]。

　レンガの販売によって自信をつけたパイオニア・スクエア後援会は，さらに大胆な資金調達方法を考え出した。レンガだけではなく，パイオニア・コートハウス・スクエアに建てられたり，置かれたりするすべてのものを市民に

写真●3-8　パイオニア・コートハウス・スクエアのレンガ：購入者の氏名が刻まれている

出所：筆者撮影。

売り出すことにしたのである。販売するもののカタログまで作成され，市民に配布された。同カタログには，広場に置かれる青銅製のゴミ箱1つ1500ドルから，歴史遺産として陳列する予定のポートランド・ホテルのゲート1万ドル，広場に建てる円柱1本3万ドルに至るまで，実に様々な「品」が掲載されていた[60]。1982年初め，パイオニア・スクエア後援会は，すでに不足資金の半額以上に相当する90万ドルを集めることに成功した[61]。

1982年2月，イヴァンシ市長は5万ドルの匿名寄付を受け取った。寄付主からは，パイオニア・コートハウス・スクエアにつくられる噴水に寄付するとのメッセージが添えられていた[62]。これ以上パイオニア・コートハウス・スクエアの募金活動を無視し続ければ，市民からの支持を失いかねないと判断したイヴァンシ市長は，突如 *The Oregonian* 紙において，募金を目的とした午餐会を開くこと，また，今後は自らが募金活動のリーダーシップをとることを発表した[63]。

1984年4月，ついにパイオニア・コートハウス・スクエアが完成した（写

真3-9）。パイオニア・コートハウス・スクエアに敷き詰められた約6万個のレンガには6万人の名前が刻まれている（写真3-10）。そのほとんどがポートランド市民である。これらのレンガ1つ1つは，パイオニア・コートハウス・スクエアの建設資金の調達に貢献しただけにとどまらない。これらの小さなレンガの存在が，事業に非協力的であった市長やダウンタウンの大手企業の考えをも改めさせたのである。一般市民がこのような形でまちづくり活動に参加し，さらに，その活動の軌跡が都心の一等地に刻まれ，訪れる人々の目に映し出される。このような都市は，世界を見渡しても決して多くないであろう。

『2015〜16地球の歩き方：シアトル＆ポートランド』において，パイオニア・コートハウス・スクエアはポートランドの主要な見どころとして紹介されており，「人が絶えないダウンタウンのランドマーク」と称されている。

写真●3-9　パイオニア・コートハウス・スクエアのオープン・セレモニー

注：パイオニア・コートハウス・スクエアの広場が，その誕生を祝う大勢の人々で埋め尽くされた。写真左のステージ上に掲げられた横断幕には，「今日1つの広場が誕生した（A Square Is Born Today）」と書かれている。
出所：City of Portland (OR) Archives, A2000-020.7.

このガイドブックで紹介されている通り，パイオニア・コートハウス・スクエアは，今日では観光客が多数訪れる場所となっている。また，ダウンタウンに勤める人々や買い物客が，ランチを食べたり，休憩したりと，思い思いの時間を過ごす。この都心の一等地に作られた広場は，ポートランド市の優れたまちづくりのシンボルとなっている。Sorkin (1992) が指摘したように，パイオニア・コートハウス・スクエアのような公共広場の整備こそが，都市にしかできない事業であり，都市特有の魅力の源泉となっているのである。

おわりに

1970年にダウンタウン・プランの作成が始まってから1984年にパイオニア・コートハウス・スクエアが完成するまで，実に14年という長い歳月がかかった。この十数年の間に，ポートランド市ダウンタウンでは数多くの事業が実施された。ただし，そのいずれもが，連邦政府やオレゴン州が推薦す

写真●3-10　パイオニア・コートハウス・スクエアのオープン・セレモニーにおいて自分の名前が刻まれたレンガを探す人々

出所：City of Portland (OR) Archives, A2000-020.8.

る「モデル事業」ではなかった。すべての事業は，1972年ダウンタウン・プランで定められたダウンタウンの将来像とダウンタウンが目指す役割，すなわち便利な公共交通と居心地の良い歩行環境を備えたオフィス・小売業の集積地および文化の中心地，という役割を実現するための事業であった。ポートランド市の新しい世代の政治家と専門家達は，郊外都市との間で差別的優位性を作り出すために，次から次へと革新的な事業計画を案出した。さらに，計画を実施に移すことができるよう，市民や企業といったステークホルダーの中にその都度支持者を見つけるとともに，世論や連邦補助金，州知事のリーダーシップなど，活用できる資源をフル活用した。このように，戦略思考および同盟づくり，創造力あふれる資源活用のすべてが揃ったからこそ，ポートランド市は，ダウンタウンについて独自のコンセプトを案出し，それを具現化することに成功したのである。

　郊外との間に差別的優位性を作り出すことで中心都市，とりわけその都心部を再活性化することを目指したポートランド市の戦略は，結果的に成功したと言える。実際，PDCの調査によると，1970年から1986年まで，ポートランド市のダウンタウンにおける民間投資は11億ドルを超え，そのうち，新しい商業施設に対する投資額は6億8400万ドルと最も高かった（Portland Development Commission, 1986）。さらに，既存の商業施設のリニューアルのために2億2200万ドルが投資され，住宅（住宅と商業の複合施設を含む）建設に投資された金額は2億900万ドルに達した（Portland Development Commission, 1986）。1970年代は，米国の都市部が衰退し続けた時代である。1974年のギャラップ世論調査によると，アメリカでは，都市部で生活を送りたい人の割合がそれまでの最低水準に落ち込み，10人中9人は郊外または小さい町に住みたいと考えていたという（Frieden & Sagalyn, 1991）。そうした状況にもかかわらず，1970年代以降，一地方都市に過ぎないポートランド市のダウンタウンに対して，企業家や投資家が積極的に投資するようになった。このように，1970年代以降ポートランド市のダウンタウンが進めてきたまちづくりは，この場所が人々にとって訪れたい場所あるいは住みたい場所となるはずである，と企業および投資家が判断する際の好材料となっていると考えられる。

1970年代は，ポートランド市のまちづくりのターニングポイントであった。1972年ダウンタウン・プランの成功は，ダウンタウンを再活性化しただけにとどまらず，周辺部においても民間企業による再開発を誘発した。そして，周辺部の街並みに劇的な変化をもたらした。その代表的な例は，ダウンタウンと道路1本で隔てられたパールディストリクトの事例である。次の第4章では，パールディストリクトの変貌について説明する。

第4章

パールディストリクト
物流・工業地区からポートランドの「ソーホー地区」へ

The Pearl District, northwest of downtown,
is Portland's Loft Central.

ダウンタウンの北西に隣接するパールディストリクトは，
ポートランド市におけるロフト住宅の集積地である。
("Lofty Goals," *The Oregonian*, April. 9, 1998, p.20)

はじめに

　1970年代から1980年代前半にかけてダウンタウン・プランが実施されたことによって，ダウンタウンはポートランド市の文化や商業，ビジネスの中心へと再生し始めた。こうしたダウンタウンの変化により，不動産業者の投資意欲は，ダウンタウンだけでなく，その周辺エリアにも向けられるようになった。1980年代終盤以降，民間の不動産業者の投資によって，ダウンタウンの北隣エリアに生まれたのが「パールディストリクト」という住区である。パールディストリクトは，ポートランド市内でも独特の特徴を持つ住区である。パールディストリクトにはロフト住宅が集中している。ポートランド市におけるパールディストリクトは，マンハッタンにおける「ソーホー地区」のような存在となっている。

　ロフト住宅とは，かつて工場や倉庫だった建物を改造した集合住宅であり，賃貸用のロフト・アパートメント（loft apartment）と分譲用のロフト・コンドミニアム（loft condominium）とに分かれる（写真4-1）。米国におけるロフト住宅開発の先駆けとなったのは，ニューヨーク・マンハッタンのソーホー地区である（Zukin, 1982/2014）。1950年代末から1970年代初めまで工業地区であったソーホー地区は，ロウアーマンハッタン高速道路の建設予定地に指定されたことで，地区全体の取り壊しが計画されていた。そのため，

写真●4-1　パールディストリクトのロフト・コンドミニアム「アービング・ストリート・ロフト」(2016年)

注：アービング・ストリート・ロフトはパールディストリクトで最初に開発されたロフト・コンドミニアムである。大きな窓や高い天井という工場・倉庫の特徴が見られる。
出所：筆者撮影。

中小企業のテナントの転出が相次いだ[1]。一方，金銭的に余裕のないアーティスト達は，同地区内に残された極めて家賃の安い空き倉庫に惹きつけられた。工業地区内の物件を住居として利用することは違法であると知りながら，空き倉庫を借り，自らの創造力を生かしてそれを生活と仕事の場に作り替えた。1970年代，市民による反対運動によってロウアーマンハッタン高速道路の事業計画は取り消された。また，ニューヨーク市当局はソーホー地区のゾーニング規制を見直し，小売や住居など複数の用途を許可するようになった。

　この規制緩和の後，ソーホー地区では，民間の不動産業者がロフト住宅を次々と開発し始めた。ロフト住宅として使われる建物はもともと工場や倉庫であったため，部屋の面積は一般の集合住宅より広く，天井が高く，窓も大きい（写真4-1）。不動産業者は，こうした工場・倉庫の特徴を生かし，コンクリートうちっぱなしの内壁など一般の集合住宅との違いを演出しながらも，高級キッチンや豪華な浴室，冷暖房など快適な生活に欠かせない設備を

完備した。そのため，裕福なアッパーミドルクラスの人々の間でソーホー地区のロフト住宅の人気はたちまち高まり，家賃や販売価格が高騰した。その結果，1970 年代から 1980 年代初めにかけてのたった数年間で，ソーホー地区のイメージ向上に大きく貢献したアーティスト達のほとんどがロフト住宅の家賃・販売価格を支払えなくなり，同地区を去った。こうしてソーホー地区は，マンハッタンの高級住宅街に生まれ変わったのである（Zukin, 1982/2014）。

　ソーホー地区の変化は，中心市街地に立地する荒廃した工業地区が再生を果たした成功事例として，ニューヨーク市当局やマスメディアによって大きく報道された。そのため，ニューヨーク市内の他の地区，さらには米国や欧州の多くの大都市の歴史的工業地区において，ロフト住宅の開発が盛んに行われるようになった。こうして，サンフランシスコやボストン，シアトル，ストックホルムといった大都市において，「ソーホー地区のクローン」が次々と誕生した（Zukin, 1982/2014, p.xxi）。サンフランシスコやシアトルより時期は遅れたものの，地方都市であるポートランド市においても，1980 年代終盤以降，ロフト住宅が開発されるようになった。民間不動産業者による中心市街地に対する投資意欲が高まりつつあったこともまた，こうした開発を後押しした。その結果，ポートランド市の「ソーホー地区」とも称されるパールディストリクトが誕生したのである。

　本章では，ポートランド市のダウンタウンに隣接する物流・工業地区が，現在のパールディストリクトへと変貌を遂げたプロセスを説明することで，ダウンタウンの再生が周辺地区にもたらした影響について明らかにする。本章の構成は次の通りである。第 1 節では，1980 年代までのパールディストリクトの歴史を概説し，「ポートランド市のソーホー地区」となる以前のパールディストリクトの特徴を明らかにする。第 2 節では，1980 年代終盤以降パールディストリクトにおいて始まった民間不動産業者によるロフト住宅の開発について説明する。ロフト住宅の開発こそが，現在のパールディストリクトの形成に最も重要な影響を及ぼした。第 3 節では，1990 年代後半，ポートランド市当局がパールディストリクトのインフラ整備に乗り出した理由および実際に実施された主な事業について説明する。またこのインフラ整

備を通じて，パールディストリクトの再開発プロセスにおいて，公共機関と民間不動産業者の間でパートナーシップが形成されることになった要因およびその結果を明らかにする。第4節では，パールディストリクトの観光名所である「ブリュワリー・ブロック（Brewery Block）」の開発について詳述し，当該地区が今日観光地としても人気を集めている理由を明らかにする。最後に，本章をまとめる。

第1節
ノースウエスト倉庫地区からパールディストリクトへ

『2015〜16地球の歩き方：シアトル＆ポートランド』において，パールディストリクトは「ダウンタウンでいちばんホットなエリア」として観光客に紹介されている。この中心市街地における「一番ホットなエリア」は，1986年までパールディストリクトという名称ではなく，「ノースウエスト倉庫地区（Northwest Warehouse District）」などと呼ばれていた。またその名称の通り，同地区には鉄道の操車場があった他，倉庫や工場が集積していた（写真4-2）。1980年代までのパールディストリクトは，ウィラメット川の東側にあるセントラルイースト工業地区（CEID地区）[2]とともに，ポートランドのダウンタウンにほど近い主要な物流・工業地区であった。

パールディストリクトとダウンタウンは，ウエスト・バーンサイド・ストリート（West Burnside Street）という1本の道路で隔てられている。すなわち，パールディストリクトはダウンタウンの北側に隣接している（図4-1）。パールディストリクトという名称は，1986年，同地区内の先駆け的ギャラリーのオーナーであったトーマス・アウグスチン（Thomas Augustine）が，同地区で初めて開催されるアート・フェスティバルを宣伝するために案出したものである。アウグスチンは，パールディストリクトという名称によって「みすぼらしい倉庫街にアートという名の貴重なジェムストーンがたくさんちりばめられている」という同地区のイメージを人々にアピールしようとした[3]。その後パールディストリクトという名称は，地元紙 *The Oregonian* によって頻繁に用いられるようになった。また，1990年代以降，ポートランド市当局もこの名称を用いるようになったことから人々の間で定着した。

写真●4-2　パールディストリクトの様子（1971年）

注：写真右手に映る建物は，メイア・アンド・フランクの倉庫である。
出所：City of Portland (OR) Archives, A2012-005, 1971.

　このようなパールディストリクトという名称に関する歴史的経緯からも分かるように，*The Oregonian* 紙やポートランド市開発局（PDC），グーグルマップなどが定めるパールディストリクトの範囲は，実のところ完全には一致しない。本章の主な目的は，パールディストリクトにおける再開発のプロセスを明らかにすることである。そのため本章では，同地区においてアーバンリニューアル事業を実施した PDC が定める範囲を用いることにする。すなわち，本章でいうパールディストリクトとは，南のウエスト・バーンサイド・ストリート，西の高速道路 I-405 号線，北のノースウエスト・ラブジョイ・ストリート（NW Lovejoy Street），東のノースウエスト・ブロードウェイ・アベニュー（NW Broadway Avenue）に囲まれる地区を指す（図4-1）[4]。

　パールディストリクト内の土地のうち 86% は，工業と商業，住居の開発が許可されている所謂「ミックスユーズ地区（Central Employment, EX 地区）」

第4章　パールディストリクト：物流・工業地区からポートランドの「ソーホー地区」へ　　*125*

図●4-1　パールディストリクトの範囲

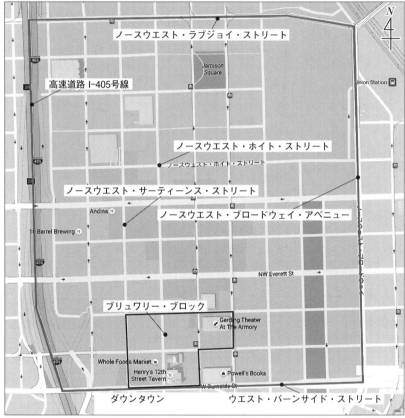

出所：Google Map データより筆者作成。

であり，8％は「商業地区（Central Commercial）」，5％は「オープンスペース地区（Open Space）」に指定されている。パールディストリクト内の約9割にあたる範囲がミックスユーズ地区に指定されていることから，土地利用に関して民間不動産業者の開発活動が受ける制約は少ないと言えよう。

第1項　物流産業と製造業の発展：19世紀後半～第二次世界大戦

19世紀半ば頃から，現在のパールディストリクトにあたる地区には，スカンジナビアや北欧からの移民達が住み始めた。また，19世紀後半から20

世紀初頭にかけて実施された鉄道建設にともない，同地区には駅や操車場，倉庫，工場が集積するようになった。

1868年，ヘンリー・コーベット（Henry Corbett）やウィリアム・S・ラッド（William S. Ladd）らポートランド市の主要な資産家・大地主達[5]が設立した「オレゴン・セントラル鉄道ウエストサイド・カンパニー（West-Side Oregon Central Railway Company）」[6]は，今日のパールディストリクトより東に位置するウィラメット川西岸の土地の一部を買い取り，そこから南へと伸びる鉄道の建設を開始した（Northwest District Association, 1991）。その後1883年，ノーザン・パシフィック鉄道（Northern Pacific Railway）の社長ヘンリー・ヴィラード（Henry Villard）が大陸横断鉄道をポートランド市まで延伸ししたことで，ポートランド市は大陸西部の一大鉄道ターミナルとなった。

ポートランド市が鉄道輸送の中心となる中，1882年，「ノーザン・パシフィック・ターミナル社（Northern Pacific Terminal Company, ノーザン・パシフィック鉄道の関連会社ではない）」がポートランド市において設立された（Jones, 1999）。同社はパールディストリクトおよびそれより東の地区における広大な土地を購入した。1896年，同社は，パールディストリクトの東側に隣接する地域に鉄道駅「ユニオン・ステーション（Union Station）」を建設した（写真4-3）。同駅はポートランド市の主要な鉄道駅となった。

20世紀初頭，ポートランド市内に鉄道ターミナルを持っていたノーザン・パシフィック鉄道およびサザン・パシフィック鉄道（Southern Pacific Railway），SP&S鉄道（Seattle, Portland and Spokane Railroad）の各社は，いずれもパールディストリクト内に倉庫を建設した（Jones, 1999）。加えて，1906年，ノーザン・パシフィック鉄道とSP&S鉄道は，パールディストリクトおよびその北隣地域における約40エーカー（16万1880㎡）の土地を購入し（Jones, 1999），「ホイト・ストリート操車場（Hoyt Street Railyard）」を建設した（写真4-4）。

1910年頃になると，パールディストリクトには，鉄道関連施設に加えて，卸売企業と倉庫が集積するようになった。*The Oregonian*紙は，同地区を「ポートランド市の卸売の中心」と呼び，地区の様子を次のように描いた。

写真●4-3　ユニオン・ステーション付近の様子（1943年）

注：機関車の後ろに写るタワーがユニオン・ステーションである。
出所：Oregon Historical Society, #bb008224.

　　ポートランド市の卸売中心地には3つのタイプの企業施設が集積している。①倉庫，②企業の製造工場とオフィスが同じ建物に入る施設，③企業の製造工場と物流施設，オフィスが同じ建物に入る施設という3つのタイプである。（中略）過去2年の間に，数多くの企業がアッパー・サーティーンス・ストリート（現ノースウエスト・サーティーンス・ストリート，図4-1）沿いに卸売センターをつくった（The Oregonian, April 3, 1910, p.15, 括弧は筆者による）[7]。

　　鉄道の建設にともない，パールディストリクトには製造企業も多く立地す

写真●4-4　ホイト・ストリート操車場とラブジョイ・ランプ（1973 年）

注：写真中央下部に写る操車場が，ホイト・ストリート操車場である。ホイト・ストリート操車場の上を横切る形でラブジョイ・ランプと呼ばれる陸橋が走っていた。
出所：City of Portland (OR) Archives, A2005-001.395.

るようになった。19 世紀後半，当該地区に立地していた主な製造業は，ビール醸造所やロープ製造工場，鉄鋼工場，製鉄所などであった。これらの製造企業のうち，その後長期にわたってパールディストリクトの発展に大きな影響を及ぼしたのは，ビール醸造企業「ブリッツ・ワインハード社（Blitz-Weinhard Company，写真 4-5）である[8]。

ブリッツ・ワインハード社の創業者の 1 人ヘンリー・ワインハード（Henry Weinhard）は，1830 年ドイツで生まれた。1852 年に移民として米国に渡った後，東部の町で数年間ビール醸造の仕事に従事した。1862 年，ワインハードはポートランド市にあったビール醸造所「リバティー社（Liberty Brewery）」を買収した。1864 年，パールディストリクト南部にあるウエスト・バーンサイド・ストリート沿いの 2 つのブロックを購入したワインハードは，そこにリバティー社を移転し，社名を「シティ・ビール社（City Brewery）」へと変更した。シティ・ビール社は，ダウンタウンからほど近い

第 4 章　パールディストリクト：物流・工業地区からポートランドの「ソーホー地区」へ　　129

写真●4-5　ビール醸造所と中古車ディーラー，製造企業が集積するパールディストリクト（1927 年）

注：写真中央の建物がヘンリー・ワインハード社である。このビール醸造所は，1928 年にポートランド・ビール社と合併し，ブリッツ・ワインハード社となった。写真左の建物は製造企業であり，写真右の建物は中古車ディーラーである。
出所：Oregon Historical Society, bb014908.

立地を武器に売上を順調に伸ばした。1882 年，同社は会社に隣接するさらに 2 つのブロックの土地を購入した。と同時に，社名を「ヘンリー・ワインハード社（Henry Weinhard Brewery）」に変更した。19 世紀終わり，ヘンリー・ワインハード社のビールは米国西海岸の各地で販売され，日本や中国，フィリピンなどにも輸出された（Dunlop, 2013）。

19 世紀終わりから 20 世紀初頭にかけて，ポートランド市では，ヘンリー・ワインハード社以外にも，新しいビール醸造会社が次々と誕生した。こうして同市のビール産業は 1 度目の発展期を迎えた（Dunlop, 2013）。数多くのビール醸造所の中でも，1909 年デトロイト市からやってきたアーノルド・ブリッツ（Arnold Blitz）が買収した「ポートランド・ビール社（Portland Brewing Company）」は，大きな発展を遂げた。しかしその後の 1916 年，オレゴン州で禁酒法が施行されると，同社も他のビールメーカーと同じように，ルートビールのような味付き炭酸水やシロップなどの製造へと企業活動の転換を余儀なくされた。

1928 年，禁酒法の影響で経営難に陥ったポートランド・ビール社とヘン

リー・ワインハード社は合併し，ブリッツ・ワインハード社となった。1933年禁酒法が廃止されると，ブリッツ・ワインハード社はいち早く醸造設備を近代化してビールの生産を再開した。その後もブリッツ・ワインハード社の売上は増加し続け，同社はポートランド市のビールメーカー最大手に成長しただけではなく，1952年にはオレゴン州唯一の地元ビールメーカーとなった[9]。

　卸売企業や倉庫，製造企業に加えて，1920年代以降の自動車普及にともない，パールディストリクトには自動車ディーラーが増加した。ほどなくして，これらのディーラーは，当該地区の主要な小売企業となった（写真4-5）。その後，ディーラーの周辺には，カー用品の卸売企業や小売企業，さらに自動車修理工場などが集まるようになった（Jones, 1999）。こうして，第二次世界大戦前のパールディストリクトは，鉄道駅，操車場，倉庫，工場，卸売企業，自動車ディーラー・修理工場の集積地となったのである。

第2項　中小企業の集積地への変化：第二次世界大戦後～1980年代

　第二次世界大戦後から1980年代までの間，パールディストリクトは依然としてポートランド市の物流と工業の中心であった。だが，詳しくその中身を見てみると，かつて当該地区の主要企業であった大手卸売企業・物流センターや重工業企業が同地区から転出する一方，様々な業種の中小企業が増加したことが分かる。同地区は次第に，多様な産業に属する中小企業の集積地へと変化していったのである。こうした変化に関して，地区の伝統産業である卸売・物流産業および製造業と，地区に新しく登場した産業の例を具体的に見ていこう。

卸売・物流企業の変化

　1950年代に入ると，米国における主要な貨物輸送手段は，鉄道からトラックへと変化し始めた。それに伴い，パールディストリクトにおける鉄道施設の利用は減少した。ところが，当該地区の道路と倉庫は，大型トラックによる輸送に適したものではなかった。その原因は地区の街路の特徴にあった。第1章で説明したように，ポートランド市のダウンタウンとその北隣地域の

街並みは1850年代に区画されたものであり，1ブロックの大きさは，長さと幅それぞれ61mという小さなものであった。また，道路の幅は18mまたは24mであり，米国の基準からするとかなり狭かった。パールディストリクトの倉庫の多くは，このような小さいブロックに建設された中層または高層の倉庫であった（写真4-2）。一方，大型トラック輸送に適するのは，言うまでもなく広い道路である。また，敷地面積が広い，平屋建ての倉庫である。そのためパールディストリクトは，大型トラック輸送の増加という時代の流れに，徐々に対応することができなくなっていった。

結果として，大手卸売・物流企業の多くは，パールディストリクトから他の場所へと移転していった。例えば，GE社の照明器具部門は，早くも1952年に，ポートランド地区営業所・物流センターを，パールディストリクトからポートランド市北西部のグイルズレイク工業地区（Guilds Lake）へと移転させている。GE社はグイルズレイク地区において3エーカー（1万2141㎡）の土地を取得し，平屋建ての倉庫を建設した[10]。

大手企業がパールディストリクトから転出する一方，パールディストリクトには中小規模の卸売・物流企業が増加した（City of Portland, Oregon, Bureau of Planning, 1984）。ダウンタウンから近いことに加えて，家賃がダウンタウンよりはるかに安かったからである。実際，1983年にポートランド市都市計画局がパールディストリクトに立地する卸売企業（物流企業を含む）と小売企業について実施した調査によると，1社あたりの面積は減少したものの，企業数は増加していたという（City of Portland, Oregon, Bureau of Planning, 1984）。

製造企業の変化

1970年代以降，重工業企業がパールディストリクトから転出する一方，同地区には軽工業の中小企業が増加した（City of Portland, Oregon, Bureau of Planning, 1984）。また，興味深いことに，パールディストリクトの主要な製造企業の1つであったビールメーカーのブリッツ・ワインハード社が1970年代後半経営不振に陥ったのとは対照的に，1980年代になると，クラフトビール醸造所（craft brewer）がパールディストリクトとその周辺に次々と誕

生し，成功を収めるようになった。

19世紀に創業したブリッツ・ワインハード社は，1950年代にはオレゴン州唯一の地元ビールメーカーとして発展した。その製品は1973年オレゴン州市場シェアの31.5%を占め，ブリッツ・ワインハード社は企業としてのピークを迎えた[11]。しかしその後，全米規模の大手ビールメーカーとの激しい競争にさらされ，ブリッツ・ワインハード社の市場シェアは急速に低下した。

Dunlop（2013）は，1950年代以降米国のビール市場に2つの大きな変化が生じたことを指摘している。1つは，苦みの少ない，味の薄いビール（light beer）を好む消費者が増え，全米規模の大手企業がこぞってそのようなビールをつくるようになったという変化である。もう1つは，全米規模の大手企業が巨額の広告費を投入し，ビルボードや新聞，雑誌，テレビなど様々なメディアを活用して自らのブランドを全国的に確立するようになったという変化である。

1970年代に入ると，全米規模の大手ビールメーカーが本格的にオレゴン市場に進出した。それに対抗するために，ブリッツ・ワインハード社は，大手メーカーと同じように味の薄いビールを市場に投入した。しかし，そうした対応がブリッツ・ワインハード社の市場シェア増加をもたらすことはなかった。1977年オレゴン市場における同社の市場シェアは17.4%にまでに低下した[12]。1978年，同社には120万バレルの年間生産能力があったにもかかわらず，実際にはその半分にも満たない58万5000バレルしか生産されなかった[13]。1979年，ブリッツ・ワインハード社は大手ビールメーカーのパブスト社（Pabst Brewing Company）に買収された。

ブリッツ・ワインハード社が経営不振に陥る一方，1980年代前半，パールディストリクトとその周辺には多くのクラフトビール醸造所が立地するようになった。米国のクラフトビール醸造所は，アメリカ・クラフトビール醸造所連合会（American Brewers Association）によって次のように定義されている。すなわち，クラフトビール醸造所とは(1)規模が小さく（small）[14]，(2)他の企業の傘下に入っていない独立系企業（independent）であり[15]，さらに(3)伝統的な原料を使ってビールを醸造する（traditional）メーカーのことを

指す。

　米国におけるクラフトビール醸造の草分け的存在は，サンフランシスコのフリッツ・メイタッグ（Fritz Maytag）である。1960年代，メイタッグは「中古車より安い値段で」サンフランシスコの「アンカー社（Anchor Brewing Company）」の51%の権利を買い取り（Acitelli, 2013, p.4），当時の大手メーカーが広く使っていたコーンシロップを使わず，オールモルト（麦芽100%）のビールを醸造した。アンカー社の成功は，値段が少々高くても上質で特徴あるビールを好む顧客が米国にも存在することを起業家達に示した。1960年代，サンフランシスコ市とその郊外のソノマにおいて，クラフトビール醸造所が次々と誕生した。

　地方都市であるポートランド市において，クラフトビール醸造所が創業を開始するようになったのは1980年代以降のことである。発展の初期，ポートランド市のクラフトビール醸造所は，中心市街地の2つの工業地区，すなわちパールディストリクトおよびCEID地区に集中していた[16]。というのも，

写真●4-6　ブリッジポート社が借りた元タイヤ工場の建物（1981年）

出所：City of Portland (OR) Archives, A2012-008.401.16.

家賃が安いことに加えて，これらの2つの地区に残されていた，かつて工場や倉庫として使われていた建物が，ビール醸造の場として適していたからである。また，これらの地区は，都市計画法上，工業地区に指定されていたため，ビール醸造所をつくる際に条件付き土地利用許可の申請を必要としなかった。

　1984年，ワイナリーを経営するディック・ポンジ（Dick Ponzi）とナンシー・ポンジ（Nancy Ponzi）夫妻は，パールディストリクトの北側に隣接する場所にあった元タイヤ工場の建物（写真4-6）を借り，当該地区における最初のクラフトビール醸造所「ブリッジポート社（Bridgeport Brewing）」[17]を設立した（写真4-7）。その翌年，カート・ウィドマー（Kurt Widmer）とロブ・ウィドマー（Rob Widmer）兄弟もまた，ブリッジポート社のすぐ近くに「ウィドマー・ブラザーズ社（Widmer Brothers Brewing）」を設立し，

写真●4-7　ブリッジポート社（2016年）

注：写真中央，4つの低・中層建造物がつながった建物がブリッジポート社である。右手に見える三角形の屋根がある部分はブリューパブとして使用されている。
出所：筆者撮影。

クラフトビールの醸造を開始した。

1985年7月,オレゴン州においてブリューパブ（Brewpub）が合法化された。ブリューパブとは,レストランと醸造所を併設した施設のことである。そこで醸造されるビールの25%以上は,併設するレストランで販売されなければならない（写真4-8）。ブリューパブの合法化は,ポートランド市におけるクラフトビール醸造会社の発展に決定的な影響を及ぼした。資金が少なく,広告宣伝を打つことできないクラフトビール醸造所にとって,自社の商品を顧客に知ってもらうことは非常に難しい。その点,醸造所とパブが同じ場所に立地することは,非常に有効なプロモーション手段となりうる。

ブリューパブについては,いまもなお州ごとに合法と違法とが分かれている。カリフォルニア州とワシントン州は,米国において最も早い1982年にブリューパブを合法化した。ポンジ夫妻やウィドマー兄弟など,ポートランド市においてクラフトビール醸造の先駆けとなった人々は,オレゴン州においてもブリューパブを合法化するべく,州議会の公聴会で証言し,州議会議

写真●4-8　ブリッジポート・ブリューパブの店内（2016年）

注：写真中央上部には貯酒タンクが見える。ブリューパブでは貯酒タンクから直接ビールが提供される。
写真：筆者撮影。

員に働きかけた。その甲斐あって，1985年7月，オレゴン州知事ビクター・アティーエ（Victor Atiyeh）は，ブリューパブを合法化する内容が含まれた法案に署名した。こうしてオレゴン州においてもブリューパブが合法化されたのである。

1986年，ブリッジポート社は，自社の建物内において「ブリッジポート・ブリューパブ（Bridgeport Brewpub）」をオープンさせた。1995年，ブリッジポート社は，テキサス州サン・アントニオ市（The City of San Antonio）に本社を置く大手ビール輸入業者ギャムブリヌス社（Gambrinus Co.）によって買収されたが，ギャムブリヌス社は1999年にブリッジポート・ブリューパブをさらに増床・リニューアルするなど[18]，今日もなお同ブリューパブの営業を続けている（写真4-7および写真4-8）。ブリッジポート・ブリューパブは今や人気の高い観光スポットとなっている。

新しい業種の企業と機関

1972年ダウンタウン・プランが実施されたことにより，1980年代に入ると，ポートランド市のダウンタウンは再び同市の文化や商業，ビジネスの中心へと復活を遂げ始めた。これにともない，ダウンタウンに近いパールディストリクトには，それまでなかった業種の企業や機関が立地するようになった。1983年にポートランド市都市計画局が実施した調査によると，かつてパールディストリクトにはなかったアート学校やギャラリー，写真関連サービス，さらに建築・エンジニアリング，会計事務所などの専門サービス企業が当該地区に立地するようになったという（City of Portland, Oregon, Bureau of Planning, 1984）。

パールディストリクトにおいて最初に設立されたアート施設は，1982年に非営利団体「ノースウエスト・アーティスト・ワークショップ（Northwest Artists Workshop）」がオープンしたギャラリーであった[19]。このギャラリーは「現代的，実験的，前衛的アート」の発展促進を目的として設立されたものであり[20]，とりわけ若いアーティスト達の風変わりな作品を展示・販売した。1987年になると，パールディストリクトには8つ以上のギャラリーが立地するようになった。さらに，7つの倉庫がアトリエとして改装され，そ

こでは 40 人以上のアーティスト達が活動していた。パールディストリクトのギャラリーのオーナー達は，当該地区をマンハッタンのソーホー地区にするべく，1987 年 9 月に第 1 回「パールディストリクト・アート・フェスティバル（Pearl District Arts Festival）」を開催した。

　1980 年代，ギャラリーに加えて，地元書店のパウエル・ブックス（Powell's Books）が，ウエスト・バーンサイド・ストリートの南側から北側へと移転してきた。このように，1980 年代後半，ダウンタウンに近いパールディストリクトには，中小規模の物流・卸売企業やクラフトビール醸造所などの製造企業に加えて，ギャラリーや書店といった芸術・文化製品を取り扱う小売業など，多様な中小企業が集積するようになった。

第 2 節
ロフト住宅の開発
高級住宅街の誕生

　ポートランド市ダウンタウンの再生は，中小企業だけではなく，大手不動産業者をもパールディストリクトへと惹きつけた。この後者こそが，高級住宅街かつ観光地という，今日のパールディストリクトのアイデンティティを作りあげた主要なプレーヤーである。1986 年以降，パールディストリクトでは，ポートランド市の大手不動産業者ジョン・グレイ（John Gray）やアル・ソルハイム（Al Solheim）らが古い建物を購入し始めた。彼らは買い取った建物をオフィスやロフト住宅へと改造した。グレイは 2012 年に亡くなったが，ソルハイムは今日もパールディストリクトの主要な不動産所有者の 1 人である。1980 年代末以降，ソルハイムはパールディストリクトのまちづくりに関する様々な委員会の委員を務め，当該地区の変化に大きな影響を及ぼしてきた。

第 1 項　ロフト住宅の開発

　地方都市であるポートランド市では，裕福な専門職従事者が数多く集まるサンフランシスコ市やシアトル市と比較すると，ロフト住宅の開発が遅れた。1988 年，グレイとソルハイムは，パールディストリクトのノースウエスト・

アービング・ストリート（NW Irving Street）にある 1923 年築の製薬会社倉庫を 92 万 5000 ドルで共同購入した。彼らはその倉庫を「アービング・ストリート・ロフト（Irving Street Lofts）」という 84 戸から成るロフト住宅に改造した（写真 4-1）[21]。アービング・ストリート・ロフトはパールディストリクトに最初に出来たロフト住宅である。アービング・ストリート・ロフトの開発について、ソルハイムは後に地元紙 *The Oregonian* のインタビューに対して次のように語っている。「ポートランド市のような地方都市においてロフト住宅を購入する人がいるかどうか全く分からず、不安であった」[22]。そうした不安もあり、アービング・ストリート・ロフトは、当初分譲用のロフト・コンドミニアムとしてではなく、賃貸用のロフト・アパートメントとしてオープンした。ところが、ふたを開けてみるとアービング・ストリート・ロフトの人気は非常に高く、6 年後の 1995 年、ロフト・コンドミニアムへと変更し分譲された。

　アービング・ストリート・ロフトの成功を目の当たりにした大手不動産業者達は、パールディストリクトに存在した古い倉庫や工場を次々と購入し、それらをロフト住宅へと改造した。1990 年代終盤以降、市当局がパールディストリクトの歴史的建造物の修繕と再利用に対して補助金などの財政支援を提供するようになった[23]こともまたロフト住宅開発の追い風となった。2016 年、地区内のロフト住宅は 10 棟を超えた[24]。

　パールディストリクトのロフト住宅は、ニューヨークやサンフランシスコ、シアトルなどの大都市のロフト住宅と同じように、いわゆる高級住宅である。ポートランド都市圏の住宅（一戸建て住宅およびマンション）の平均販売価格は、1998 年の 18 万 1000 ドルから 2004 年の 24 万 6000 ドルにまで急上昇したが、パールディストリクトの住宅（ロフト住宅およびその他の住宅）の平均販売価格は、1998 年の 19 万 8685 ドルから 2004 年の 34 万 7942 ドルへと、一層急激な上昇を見せた[25]。パールディストリクトの住宅平均販売価格は都市圏平均より高く、またその差が年々拡大している形だ。さらにロフト住宅は、パールディストリクトの住宅の中でも、より高額な物件である。これについて、パールディストリクトに立地するオフィス・レストラン・住宅の複合施設「クレーン・ロフト（Crane Lofts）」の例を見てみよう（写真

4-9)。

　クレーン・ロフトとして改築された建物は，1909年「クレーン・ポンプ社（Crane Plumbing Co.）」によって建てられ，同社のオフィスおよび販売センター，倉庫として使われた後，長らくアパレル会社にリースされていた歴史的建造物である。2005年，不動産業者「ガーディアン不動産（Guardian Management LLC）」がクレーン・ビルディングを買い取り，それをオフィス・レストラン・住宅（分譲および賃貸）からなる複合施設に改造した[26]。分譲住宅部分のキッチンにはゴミ処理機や食洗機，冷蔵庫，オーブンなどが整備されており，全てGE社の製品が採用されている。また，キッチンのカウンタートップには御影石のタイルが，浴室の壁にはセラミックタイルが貼られ，浴室のすべての器具はコーラー社（Kohler）の高級品である。2006年，クレーン・ロフトの住宅部の発売価格は，65万7800ドル（7235万8000円）から112万5000ドル（1億2375万円）であった。2010年から2014年までのポートランド市世帯年収中央値が5万3230ドル（585万5300円）[27]であったことを考えると，パールディストリクトのロフト住宅は，ポートラン

写真●4-9　クレーン・ロフト（2016年）

出所：筆者撮影。

ド市の一般市民にとって手が届くような物件ではないことが分かる。

　パールディストリクトの不動産仲介業者は，「1990年代以降，当該地区のロフト住宅を購入する人の多くは，カリフォルニアからポートランド市へと移住してきた人達である」と証言している[28]。サンフランシスコをはじめとするカリフォルニア州の高額な住宅価格と比べると，パールディストリクトのロフト住宅は割安感があるからだという[29]。こうした移住組に加えて，2000年代以降，ロフト住宅の購入者には，専門職従事者や子供が既に独立した裕福な夫婦，独身者が増加している[30]。

第2項　ポートランド市の「ソーホー地区」

　米国都市内のロフト住宅が集中する住区の特徴について，米国の社会学者シャロン・ズーキン（Sharon Zukin）は，その古典となっている著書 *Loft Living* の中で「ロフト住宅が集中する地区の住民は高額所得者であり，そこには高級住宅街と高級小売店・サービス店が集積している」と指摘している（Zukin, 1982/2014）[31]。こうした特徴はパールディストリクトにも顕著に現れている。ポートランド市に立地する伝統的な住区と比較して，パールディストリクトには3つの特徴が見られる。

　第1に，子供のいる家庭が極めて少なく，単身世帯や夫婦・カップルのみの世帯が大多数を占めている。2010年，パールディストリクトの人口のうち，18歳以下の人口の比率は4.8%に過ぎず，これはポートランド市平均の19.1%よりはるかに低い割合であった[32]。また，2010年代前半ポートランド市の1世帯あたりの人口が2.33人だったのに対して，2010年パールディストリクトのそれは1.43と極めて少なかった[33]。

　第2に，人口に占める白人の比率が非常に高く，人種の多様性が乏しい。ポートランド市はもともと，サンフランシスコやシアトルなど近隣都市と比べて，人口に占める白人の比率が高く，人種の多様性が乏しい都市である。2010年パールディストリクトの人口に占める白人の比率は82.4%であり，ポートランド市平均72.2%と比較してもさらに高い値を示している[34]。

　第3に，パールディストリクトの住民の年収は高い。データを入手できた2000年代後半，パールディストリクトの世帯年収の中央値は5万5554ド

ル（611万940円）であり，2010年代前半ポートランド市の中央値5万3230ドル（585万5300円）と比較するとその差はわずかな様にも見える[35]。ただし，パールディストリクトのうち，ロフト住宅が集中するノースウエスト・トゥウェルヴス・アベニュー（Northwest 12th Avenue）より西側の地区に限定すると，世帯年収の中央値は7万9375ドル（873万1250円）という非常に高い値を示した[36]。

　このようにパールディストリクトは，ポートランド市の伝統的な住区とは異なり，裕福な白人の独身者やカップル・夫婦が多く居住し，子供の数が極端に少ない住区である。*The Oregonian* 紙は，このような状況を「パールディストリクトに移り住んだ若い都会人達が持ち込んだペットの数は子供の数を上回っていた」と揶揄した[37]。パールディストリクトには，2010年まで学校（幼稚園を含む）が1つもなかった[38]。そのかわり地区にあふれたのは，地区の住民達が贔屓にする洒落たカフェ・レストランやパブ，全米または世界的に有名な専門店チェーン，商業的ギャラリーであった。

　また，マンハッタンのソーホー地区のケースと同じように，地区における文化や芸術的雰囲気・イメージの形成に大きく貢献したアーティスト達の多くは，既にパールディストリクトからいなくなっていた。これについて，*The Oregonian* 紙は，ロフト住宅・複合施設の開発が「貧しいアーティスト達をパールディストリクトから追い出した」と批判した[39]。実際，パールディストリクトにおいて最初にギャラリーを開いた非営利団体ノースウエスト・アーティスト・ワークショップは，1989年，家賃を含めた運営資金不足のため，ギャラリーを閉鎖した[40]。また，1980年代パールディストリクトの北部にアトリエを構えていたアーティスト達のほとんどは，1990年代後半になると他の地区，とりわけ地価がより安いウィラメット側の東側に移ってしまった[41]。なぜなら，1980年代半ば頃，パールディストリクトにおける約100㎡のアトリエの家賃は1カ月225ドルであったが，1990年代後半になると約3倍の700ドルにまで急上昇したからである[42]。アーティスト達の多くは，ポートランド港の肉体労働などのアルバイトをしながらアトリエの家賃を支払い，創作活動を続けていた[43]。そのため，1980年代後半から急激に上昇したパールディストリクトの家賃は，とても彼らが負担できるようなも

のではなくなっていた。このように，そもそもアーティスト達が生活し，活動することによって誕生したパールディストリクトであるが，当該地区に対する不動産業者の投資意欲が高まったことで，アーティスト達が地区からの転出を余儀なくされたのである。この点においても，パールディストリクトは，ポートランド市における「ソーホー地区のクローン」であると言えよう。

第3節
パールディストリクトのまちづくりにおける市当局の役割

　パールディストリクトが工業・物流地区から「ポートランド市のソーホー地区」へと変貌を遂げたプロセスにおいて，市当局はどのような役割を果たしたのだろうか。本節では，この点に焦点をあてて議論を展開する。

第1項　市当局が再開発に参加したきっかけ

　1970年代，ポートランド市当局は，パールディストリクト周辺の工業地区に関して，主として現状維持の方針をとっていた。事実，1972年ダウンタウン・プランにおいて，パールディストリクトの南部，すなわちノースウエスト・ホイト・ストリート（NW Hoyt Street）より南の地域（図4-1）について，簡単ながら計画が述べられている。当時はまだパールディストリクトという名称がなかったため，1972年ダウンタウン・プランにおいて当該地区は「ノースウエスト工業地区（Northwest Industrial District）」と呼ばれ[44]，倉庫や卸売業，軽工業，自動車修理業といった同地区の既存の土地利用を維持する方針が示された。

　ポートランド市当局がパールディストリクトの再開発に乗り出すきっかけとなったのは，次の2つの出来事である。1つは，アメリカ建築家協会（AIA）から提案があったことであり，もう1つは，パールディストリクトの不動産業者から要請が挙がったことである。これらの2つの出来事のうち，後者の不動産業者からの要請が，市当局の方針転換に特に重要な役割を果たした。

　1983年，AIAポートランド支部は，1972年ダウンタウン・プラン制定10周年の記念事業として，建築家および経済学者，交通専門家，歴史的建造物保存専門家から構成されるチームRUDAT（Regional-Urban Design

Assistance Team）の派遣を AIA 本部に要請し，パールディストリクトおよび，その東隣・北隣地区の土地利用と建築物の状況を調査させた。同年 RUDAT チームは，報告書（Last Place in the Downtown Plan）をポートランド市に提出した。同報告書において RUDAT チームは，パールディストリクトの倉庫を歴史的建造物として保存・再利用し，当該地区をミックスユーズ地区として再開発することを提案した（RUDAT, 1983）。

　この報告書の提案を受けてポートランド市当局は，パールディストリクトおよび，その東隣・北隣地区の土地利用と建物の状況に関して，より詳細な調査を実施した。その後市当局は，調査の結果に基づき「1988 年中心市街地プラン（Central City Plan of 1988）」の中で，「パールディストリクト地区の特徴を維持し，歴史的建造物を保存しながらも，工業および商業，住宅を含むミックスユーズ地区として発展を図る」との方針を打ち出した（City of Portland, Oregon, Bureau of Planning, 1988）。1980 年代，市当局は，もともと工業地区に指定されていたパールディストリクト北部（ノースウエスト・ホイト・ストリートより北の地域，図 4-1）の大半について，工業地区からミックスユーズ地区へと地域用途の指定を見直した[45]。これにより，パールディストリクトの大部分は，軽工業，住居，商業などが自由に立地できるミックスユーズ地区となった。しかしその一方で市当局は，当該地区の現状を変えるような大規模な公共事業を計画し，実施することまではしなかった。

　パールディストリクトのまちづくりに関するポートランド市当局の方針にさらに大きな影響を及ぼしたのは，地区の不動産所有者や大手不動産業者からの要請であった。1991 年，当時「リバー・ディストリクト（River District）」と呼ばれた地区，すなわちパールディストリクトとそれに隣接する 4 つの地区の主要な不動産所有者・不動産業者達は，6 カ月間にわたる議論を経て，地区の再開発計画「リバー・ディストリクト・ビジョン（River District Vision：以下，ビジョンと略記）」を作成し，翌年の 1992 年にポートランド市議会に提出した。同ビジョンにおいて不動産所有者・不動産業者達は，リバー・ディストリクトを人口 1 万 5000 人以上の住宅街へと再開発することを目指した。加えて，地区の住民や，ダウンタウンおよびパールディストリクトへの訪問者をターゲットにした小売店とレストラン，サービス店

からなる商業エリアの開発を提案した（River District Steering Committee, 1994）。

　ビジョンの提出を受けたポートランド市当局は，1994年「リバー・ディストリクト開発計画（River District: A Development Plan for Portland's North Downtown）」を作成した。ビジョン内で示された同地区の再開発目標を承認した上で，市当局が再開発に参加することを決めたのである（River District Steering Committee, 1994）。市当局が地区の再開発に携わる旨の決定を下した背景には，市当局自らが地区のインフラを整備することで，民間不動産業者による住宅開発を促進したいとの思惑があった。というのも，1960年代にダウンタウン南部で実施されたサウスオーディトリアム・アーバンリニューアル事業によって，ダウンタウンの住宅の多くが取り壊され，中心市街地の居住人口が著しく減少してしまったからである[46]。市当局は，ダウンタウンの北側に隣接する地域に住宅を開発することで，中心市街地の居住人口を増やそうとした。中心市街地の居住人口が増加すれば，公共交通など公共サービスの利用効率がさらに高まる。また，商業施設の顧客が増加することで中心市街地の経済発展がいっそう促進されると市当局は考えたのである（Portland Development Commission and Tashman Johnson LLC, 1998）。市当局の目標は，多様な所得層向けの住宅をリバー・ディストリクトにおいて5555戸建設することであった（Portland Development Commission and Tashman Johnson LLC, 1998）。

第2項　市当局によるインフラ整備

　リバー・ディストリクト開発計画の中で，市当局は，パールディストリクトに当たるエリアに関して2つの大規模なインフラ整備事業を計画した。1つは，住宅開発の妨げとなっていることを不動産業者から指摘されていた陸橋「ラブジョイ・ランプ（Lovejoy Ramp）」を取り壊し，その代わりに路面の大通りを建設する事業である。ラブジョイ・ランプは，1927年に建設され，パールディストリクトの東にあるブロードウェイ・ブリッジからパールディストリクトの北西にあるノースウエスト住区（Northwest neighborhood）まで続く，全長約600メートルの陸橋であった（写真4-4）。建設された当時，

ラブジョイ・ランプの下にはホイト・ストリート操車場があった。ラブジョイ・ランプは，ブロードウェイ・ブリッジとノースウエスト住区間の自動車通行を利便化するために建設されたものであった[47]。ポートランド市当局は，ラブジョイ・ランプをブロードウェイ・ブリッジからパールディストリクト東部のノースウエスト・ナインス・アベニュー（NW Ninth Avenue）までの区間に短縮し，パールディストリクト内のノースウエスト・ナインス・アベニューからノースウエスト・フォーティーンス・アベニュー（NW 14th Avenue）までの区間を路面の道路「ノースウエスト・ラブジョイ・ストリート（NW Lovejoy Street）」に建設し直すことを計画した。

ポートランド市当局が計画したもう 1 つの大規模公共事業は，パールディストリクト地区における市街電車（streetcar）の線路敷設事業であった。市当局は，市街電車の運行により，パールディストリクト内の住宅開発と，市街電車沿線における商業施設開発およびオフィス開発が促進されることを期待した。

実のところ，これら 2 つのインフラ整備事業はいずれも，かつてホイト・ストリート操車場があった地域の不動産所有者が市当局に要請したものである。本章第 1 節で説明したように，元ホイト・ストリート操車場は，パールディストリクトおよびその北隣地域において，約 16 万㎡という広大な土地を占拠していた（写真 4-4）。この操車場は，1911 年から 1998 年までは実際に鉄道の操車場として利用された。1988 年当時，同操車場の所有者はバーリントン・ノーザン鉄道（Burlington Northern Railroad: BNR）であった[48]。1988 年，バーリントン・ノーザン鉄道は操車場の不動産所有権を不動産業者「グレイシャー・パーク社（Glacier Park Company）」に売却したが，1998 年までは操車場をリースして鉄道関連業務を続けた。1990 年代に入ると，グレイシャー・パーク社はホイト・ストリート操車場の所有権を売却した。その後数回にわたる所有権の売買を経て，最終的には，ポートランド市の不動産業者であり，パールディストリクトにおける最大の不動産所有者でもある HSP 社（Hoyt Street Properties, L.L.C.）が同不動産を獲得した。

ホイト・ストリート操車場跡地の再開発については，早くも 1989 年に，グレイシャー・パーク社が詳細な計画案を作成していた。計画書において同

社は，ホイト・ストリート操車場を，住宅とオフィス，小売が立地するミックスユーズ地区として再開発する計画を述べるとともに，ポートランド市当局に対して，再開発の妨げとなっているラブジョイ・ランプを撤去し，公共交通を整備することを要請した（Glacier Park Company, 1989）。こうした要請は，後の不動産所有者であるHSP社にも引き継がれた。結果として，1997年，ポートランド市はHSP社との間に以下の主旨の協定を結んだ[49]。

第1に，HSP社は，パールディストリクト内にある34エーカー（13万7593㎡）の土地に約2700戸の住宅を建設し，そのうち35％は低所得者向けの住宅にしなければならない。低所得者は，ポートランド住宅局（Portland Housing Bureau）によって，標準家族年収（Median Family Income: MFI）の80％未満の市民と定義されている。ちなみにMFIはポートランド住宅局によって定められるものであり，年によって，あるいは家族の人数によって金額が異なる。2016年4人家族のMFIは，7万3300ドル（806万3000円）と定められている。

第2に，ポートランド市は，ラブジョイ・ランプを撤去して路面の大通りを建設する。また，ダウンタウンとパールディストリクトをつなぐ市街電車の路線を建設するとともに，HSP社の所有地内およびパールディストリクト内の他の場所に複数の公園を建設しなければならない。

ポートランド市は，HSP社との間で結ばれた協定において定められた公共事業，さらにリバー・ディストリクト開発計画で定められたその他のインフラ整備事業を実施するために，1998年，パールディストリクトを含む地区をリバー・ディストリクト・アーバンリニューアル事業の実施区域に指定した。これにともない，同市においてアーバンリニューアル事業を管轄するポートランド市開発局（PDC）が，リバー・ディストリクトにおける公共事業を管理するようになった。PDCは，TIFすなわち事業実施後に生じる財産税収の増加分を返済財源として，事業費の資金調達を行った。

1999年ラブジョイ・ランプの撤去工事とノースウエスト・ラブジョイ・ストリートの建設工事が開始され，2002年に同工事は完了した。また2001年，ノースウエスト住区からパールディストリクトを経由し，ダウンタウン南部にあるポートランド州立大学に至る区間において市街電車の運行が開始

された[50]。

第3項　パブリック・プライベート・パートナーシップ（PPP）の結果

　市当局がパールディストリクトのインフラ整備に乗り出した主な目的は，民間不動産業者による多様な所得層向けの住宅開発を促進することにあった。果たして市当局の目的は達成されたのであろうか。PDCの調査によると，2006年6月，建設中の住宅を含めて，パールディストリクトを含むリバー・ディストリクトの住宅はすでに7408戸に達し，市当局の計画を上回ったことが明らかになった（Portland Development Commission, 2007）。また，市街電車の沿線にも専門店チェーンや高級レストラン・カフェが集積するようになった。しかし，その一方で，実際に建設された住宅は，多様な所得層向けの住宅であるとは言い難かった。

　ポートランド市の当初の計画では，リバー・ディストリクトにおいて建設される住宅のうち，47%は低所得者，すなわち家族年収がMFIの80%未満の人々向けの住宅，20%は中所得者，すなわち家族年収がMFIの81–120%である人々向けの住宅，33%は高所得者，すなわち家族年収がMFIの120%以上の人々向けの住宅とする目標が設定されていた。民間の不動産業者が開発したがらない低所得者向けの住宅開発を促進するために，市当局は補助金などの財政面の支援を提供した。しかしPDCの調査によると，2006年6月までに開発された7408戸の住宅のうち，低所得者向けの住宅の比率は40%，中所得者向けの住宅の比率は10%であり，高所得者向けの住宅の比率は51%であった（Portland Development Commission, 2007）[51]。

　上述のように，市当局は，リバー・ディストリクトで建設される約7割の住宅が低所得者と中所得者向けの住宅となることを期待した。しかしその期待に反して，民間の不動産業者が開発した住宅の半分は高所得者向けの住宅であった。確かに，市当局によるインフラ整備は，中心市街地における住宅開発を促進することには成功した。しかし，民間の不動産業者が意欲を示したのは，主として高所得者向けの住宅開発であった。

　こうした不動産業者の行動を端的に表しているのは，パールディストリクト最大の不動産所有者HSP社による住宅開発である。1997年，HSP社はポー

トランド市との間で結んだ協定において，パールディストリクトにおいて約2700戸の住宅を建設し，そのうち 35% は低所得者向けの住宅とすることを約束していた。その見返りとして，市当局側はラブジョイ・ランプの撤去および市街電車の線路敷設，公園建設を実施した。2014 年，HSP 社が同地域に建設した住宅は建設中のものを含めて 2556 戸にのぼったが，そのうち低所得者向け住宅の比率は 28% であり，協定で定められた値より低かった[52]。協定では，HSP 社が協定上の義務を履行しなかった場合，ポートランド市が市場価格より低い価格で HSP 社から土地を買い取り，市当局自ら低所得者向けの住宅を開発できることが定められていた。そのため，2015 年 4 月，長い価格交渉の末，ポートランド住宅局は HSP 社から 1012㎡ の土地を 130 万ドル（1 億 4300 万円）で買い取り，自ら低所得者向け住宅の開発に乗り出した[53]。

　このように，中心市街地の住宅と人口を増加させるという点に関しては，ポートランド市当局の当初の目的は達成された。その意味では，公共事業を実施した効果があったと言えよう。しかしその一方で，パールディストリクト住区は，当初市当局が目指したはずの，多様な所得レベル，多様なライフスタイルの人々が住む住区ではなくなってしまった。パールディストリクトは，独身または子供のいない若い白人の専門職業人や裕福な高齢者が多く住まう住区となり，文字通りポートランド市における「ソーホー地区」となった。

第 4 節
ポートランド市の「ソーホー地区」
人気の観光スポット

　ズーキンは，その著書 *Loft Living* において，ロフト住宅が集中する地区は，地区が持つ歴史，建築物の特徴，高級住宅街・商業地という 3 つの特色により，観光スポットとして高い人気を得ることを指摘している（Zukin, 1982/2014）。具体的には(1)かつて多くのアーティスト達が暮らしていたという歴史を持ち，(2)地区の建築物の多くは古い工場や倉庫などの特徴的な建物であり，さらに(3)そうした特徴的かつ歴史的建築物の中に世界的に名を知

られた小売店や洒落た飲食店が入居している，という特色である。こうした特色はいずれも観光客にとって魅力的なものであり，3つの特色すべてが揃ったロフト住宅およびその近隣の商業地は，ソーシャルメディアを含めた様々なメディアを通じて世界中に紹介され，人気の高い観光地になるという（Zukin, 1982/2014）。

　Zukin（1982/2014）の指摘は，ポートランド市のパールディストリクトにもそのまま当てはまる。それに加えて，パールディストリクトにおいて再開発を実施した不動産業者達は，観光客を同地区に惹きつけるために，地区の歴史を演出し，歴史的建造物を修繕して再利用し，全米または世界的に著名な専門店チェーンを誘致するような再開発を意図的に行ってきた。こうした再開発事業のうち，規模が最も大きく，地区に最も大きな影響を与えた事業がブリュワリー・ブロックの再開発事業である。

　ブリュワリー・ブロックとは，パールディストリクトの南端に位置する5つのブロックのことを指す（図4-1）。この5つのブロックの土地と建物は，19世紀後半から約100年の間，ブリッツ・ワインハード社によって所有されていた。同社の醸造所や倉庫，オフィスが立地していたことから，同地域はブリュワリー・ブロックと呼ばれている。ブリュワリー・ブロックは，パールディストリクトにおける重要な歴史遺産の1つである。

　1970年代後半以降，経営不振に陥ったブリッツ・ワインハード社は，1979年に大手ビールメーカー・パブスト社によって買収された。その後の1983年，パブスト社は同じくビールメーカーであるヘイレマン社（G. Heileman Brewing Co.）にブリッツ・ワインハードを売却した。1991年にヘイレマン社が倒産したため，1996年ブリッツ・ワインハードの所有権はストロー社（Stroh Brewery Co.）に移った。その後ストロー社もまた財政難に陥ったため，ブリッツ・ワインハードの製品ラインはビールメーカー・ミラー社（Miller Brewing Co.）へと売却された。ミラー社はブリッツ・ワインハード社製品の生産を続けたが，その製造ラインをワシントン州タムウォーター市（City of Tumwater）にあるミラー社の生産工場に移した。1999年，パールディストリクトにあったブリッツ・ワインハードの工場は閉鎖され，220人の従業員ほぼ全員が解雇された[54]。こうしてポートランド市最大手のビー

ル会社は同市の歴史から消えてしまった。2000年ストロー社は，パールディストリクトにあったブリッツ・ワインハード社の5ブロック分の土地と建物をポートランド市の不動産業者「ジャーディング・エドレン開発社（Gerding Edlen Development Co.）」に売却した。

　ジャーディング・エドレン開発社は，5年の歳月と2億5000万ドルをかけて，この5つのブロックを，地下駐車場付きの高級住宅と小売施設，オフィスとして再開発することを計画した[55]。ジャーディング・エドレン開発社は，5つのブロックに残されていた著名な建造物を歴史的建造物として登録した。これらの建造物とは，20世紀初頭に建設された，赤いレンガが特徴的なブリッツ・ワインハード社の醸造所（写真4-10）と，1891年に建設された「ポートランド・アーモリー（Portland Armory）」（写真4-11，州兵部隊の屋内訓練場として建てられたが，1960年代ブリッツ・ワインハード社に買収され，倉庫として使われていた）のことを指す。ジャーディング・エドレン開発社は，これらの建造物の特徴を維持しながら，1階にパブやレストラン，小売店，2階以上にオフィスが入居するような複合施設や，文化・芸術施設の開発を目指した。こうした計画の背景には，ビール醸造にゆかりがあるこれらの建物にあえてパブを入居させることで，建物の歴史を具現化し，施設の魅力を高めようというジャーディング・エドレン開発社の思惑があった[56]。

　2002年，5つのブロックのうち最初に再開発の対象となったブロックにおいて，テキサス州・オースティン市に本社を置く全米最大の高級自然食品スーパー・ホールフーズマーケット（Whole Foods Market）が店舗面積約3000㎡の食品スーパーをオープンさせた。この店舗は，オレゴン州におけるホールフーズマーケットの1号店であった[57]。ホールフーズマーケットによる出店は，新興高級住宅地としてのパールディストリクトの地位を確かなものとした。と同時に，「同地は将来的に地元の富裕層および観光客から高い人気を得る商業地となる」という見通しを，全米で名を知られた高級食品スーパーが持っていたことの表れでもあった。

　ホールフーズマーケットに続いて，レストラン・バー「ヘンリーズ・タヴァン（Henry's Tavern）」や，サンフランシスコ市に本社を置く高級キッチン用

写真●4-10　かつてブリッツ・ワインハード社の醸造所であった建物（2016年）

出所：筆者撮影。

品専門店チェーン「ウィリアム・ソノマ（Williams-Sonoma, Inc.）」が所有する家具・雑貨店チェーン「ウエストエルム（West Elm）」，ワシントン州シアトル市に本社を置く高級キッチン用品店チェーン「サラテーブル（Sur La Table）」，ニューヨーク市に本社を置くジェイクルーが所有する婦人服小売店チェーン「メイドウェル（Madewell）」，ペンシルベニア州フィラデルフィア市に本社を置く人気の婦人服・雑貨セレクトショップ「アンソロポロジー」，さらに世界的に有名なスポーツ用品「ノースフェース（The North Face）」の店舗など，全米または世界的に展開している高級専門店チェーンや人気の専門店チェーンの小売店が数多くオープンした。

　様々な小売店に加えて，文化・芸術施設もまた，ブリュワリー・ブロックに立地するようになった。ポートランド芸術大学（The Art Institute of Portland）は，早くも2001年にブリュワリー・ブロックに入居することを決定し[58]，翌年キャンパスをオープンさせた。また2004年，ポートランド

写真●4-11　ポートランド・アーモリー（2016年）

注：2016年現在は劇場「ジャーディング・シアター（Gerding Theater）」として使われている。
出所：筆者撮影。

市の劇団「ポートランド・センターステージ（Portland Center Stage）」が、ポートランド・アーモリーの土地と建物を買い取った[59]。同劇団は舞台芸術を上演する劇場としてポートランド・アーモリーを改修し[60]、2006年新劇場をオープンさせた（写真4-11）。

ブリュワリー・ブロックでは、高級分譲・賃貸マンションやオフィスもまた、ジャーディング・エドレン開発社によって建設された。2004年に完成した分譲マンション「ヘンリー・コンドミニアム（Henry condominiums）」の1㎡あたりの販売価格は、ポートランド市中心市街地の分譲マンションとして最高値を更新した。また、2005年ブリュワリー・ブロックの再開発事

第4章　パールディストリクト：物流・工業地区からポートランドの「ソーホー地区」へ　　153

業における最後のプロジェクトとして完成した賃貸マンション「ルイサ・アパートメント（Louisa apartments）」は，当時ポートランド市における最も高い家賃を誇った[61]。これらの高級マンションには，ブリッツ・ワインハード社の創業者の1人であるヘンリー・ワインハードと彼の妻ルイサ・ワインハードのファーストネームが付けられている。こうした点からも，自らが開発した物件にブリュワリー・ブロックの歴史という付加価値を付けようとしたジャーディング・エドレン開発社の思惑が読み取れる。

一方，ブリュワリー・ブロックにおいて開発されたオフィスには，ファイナンシャルサービス企業や情報通信関連企業，建築事務所，法律事務所，不動産仲介企業などが入居した。これらの企業の多くは，ダウンタウンのオフィスビルからブリュワリー・ブロックに移転してきた企業であった[62]。

ブリュワリー・ブロックの5ブロックのうち2つのブロックは，2006年までに，同地にオフィスを構えた企業またはマンションを購入した個人に売却された。2007年，残りの3つのブロックの不動産が競売にかけられた。15社の入札者のうち，ニューヨーク市に本社を置く多国籍金融企業であるJPモルガン・チェース・アンド・カンパニー（JPMorgan Chase & Co.）が一番の高値を付け，2億9160万ドルで落札した[63]。こうして，かつてポートランド市最大のビール醸造会社ブリッツ・ワインハード社の醸造所・倉庫・オフィスであった同エリアは，専門サービス企業のオフィスや高級マンション，世界的に有名な小売チェーン，高級レストラン，洒落たカフェ・バーが集積する場所となった。また，その最大の不動産所有者は，ポートランド市から遠く離れたニューヨーク市に本社を置く多国籍金融企業となった。

ダウンタウンとパールディストリクトの境界に立地するブリュワリー・ブロックは，今日観光地としても高い人気を誇っている。ブリュワリー・ブロックは広い意味では巨大なショッピングモールである。しかし，建物や同エリアが持つ歴史という点で郊外のショッピングモールとの差別化を図っている。こうしたデベロッパーの戦略は功を奏したと言えよう。エリアを訪れる観光客は，歴史的建造物の外壁や高い天井，配管が剥き出しになった内装を通じて建物の歴史に思いをはせながら，冷暖房完備かつ美しい陳列という彼らが慣れ親しんだ快適な買い物空間で，お気に入りの，あるいは憧れのブラ

ンドの商品を選ぶ。今日ブリュワリー・ブロックを訪れる人の中に，ブリュワリー・ブロックを含むパールディストリクト特有の歴史をつくりあげた人々，すなわちアーティスト達やブリッツ・ワインハードの従業員達，中小企業のオーナー・従業員達が既にこの地区を立ち去っていること，また，この地区もまた大手金融企業の投資先となっていることについて，関心を持つ人が果たしてどれほどいるであろうか。

おわりに

　1970年代から1980年代前半にかけて，ポートランド市のダウンタウンが再生を遂げたことによって，ダウンタウンの北側に隣接するエリアに対する民間不動産業者の投資意欲が高まった。民間不動産業者が積極的に再開発を行った結果，パールディストリクトというポートランド市特有の高級住宅地と観光地が生まれた。1980年，パールディストリクトは主に工業地区であり，住民の数は12人以下であったが（Central City Plan Office, 1985），2000年には1113人，2010年には5997人にまでその数が増加した[64]。2000年パールディストリクトの人口密度は1 ㎢あたり1119人であったが，2010年には1 ㎢あたり6053人となった[65]。この値は2010年ポートランド市全体の人口密度1 ㎢あたり1690人をはるかに超えていた。地区の人口が増加したという点において，パールディストリクトは成功事例であると言えよう。

　しかしその一方で，パールディストリクトの再開発によって何も問題が生じなかったわけではない。最大の問題は，中小企業の集積が消滅したことで，パールディストリクトはもはや起業家達がビジネスを始める場所ではなくなってしまったという点である。今日，アーティストだけではなく，初期の商業的ギャラリーも，そのほとんどがパールディストリクトを去っている[66]。かわりに移ってきたのは著名なギャラリーである[67]。また，パールディストリクトのみならずポートランド市全体のイメージ形成に大きく貢献した先駆け的なクラフトビール醸造所もまた，全国的な大手ビール輸入業者に売却されたり，他の場所に移転してしまった。今日パールディストリクトを訪れる観光客が最も多く訪れるブリューパブは，「デシューツ社（Deschutes Brewery）」や「ファットヘッズ社（Fat Head's Brewery & Saloon）」のブリュー

パブであろう。デシューツ社の本拠地はオレゴン州ベンド市（City of Bend）であり，ファットヘッズ社の本拠地はさらに遠く離れたオハイオ州ミドルバーグハイツ市（City of Middleburg Heights）である。パールディストリクトを訪れる観光客達は，同地の歴史的建造物を改造した複合施設の中で，他の都市のビールを飲むことによって，「ポートランドの地ビール文化」を体験することになっている。

　興味深いことに，1980 年代以前，ダウンタウンにほど近い工業・物流地区の 1 つとしてパールディストリクトと類似した特徴を有していたウィラメット川東岸のセントラルイースト工業地区（CEID 地区）は，パールディストリクトとは全く異なる道を進むことを選択した。高級住宅地・人気の高い観光地へと変貌を遂げるパールディストリクトの姿を目の当たりにしてもなお，CEID 地区はパールディストリクトを真似しようとはしなかった。むしろ「もう 1 つのパールディストリクトにはならない」を合言葉に，独自のまちづくり方針を定めた。CEID 地区は，中小物流・製造企業の集積地としての役割や，起業の場，とりわけものづくりベンチャーが起業する場としての役割を維持するようなまちづくりを推進してきた。次の第 5 章では，CEID 地区のまちづくりについて説明することにしよう。

第5章
セントラルイースト工業地区
都心に生き残る中小製造企業の集積

"I can't see how having a few artists living in the area would hurt the industrial district...
But, no one I know here wants this to become like the Pearl District."

セントラルイースト工業地区に数人のアーティストが住むことで，工業地区としての同地区にどのような影響が及ぶかは分からない。しかし，私達はこのセントラルイースト工業地区がパールディストリクトのような場所に変わることを望んではいないのである。
（セントラルイースト工業地区「ポートランド・トランスミッション倉庫」の共同所有者，ロス・ブラッドショー，*The Oregonian*, September 26, 1999, p.L1[1])

はじめに

　第二次世界大戦後から1970年代まで，ポートランド市のパールディストリクトとセントラルイースト工業地区（CEID地区）は，同市の都心部に立地する同じような物流中心・工業地区であった。しかし，もともとは類似していたはずのこれらの地区は，今日ポートランド都心部において最も対照的な存在となっている。地区の名称が「ノースウエスト倉庫地区」から「パールディストリクト」へと変わったことにも示されるように，パールディストリクトは，かつての物流中心・工業地区から高級住宅地・観光地へと変貌を遂げた。今日のパールディストリクトは，ポートランド市内で観光客に最も人気の高い場所の1つとなっている。また，70㎡程の中古マンションの販売価額が5000万円を超えるなど，パールディストリクトはポートランド屈指の高級住宅街でもある。同地区においてかつて倉庫として使われていた建物には，現在，ニューヨークやサンフランシスコにも店舗を持つアンソロポロジーのような婦人服・雑貨セレクトショップや，パタゴニアやREIといった高級アウトドアショップが店舗を構えている。

　パールディストリクトとは対照的に，CEID地区は今日もなお物流中心・工業地区である。「セントラルイースト工業地区」という名称で親しまれ続けている同地区には，住宅はほとんどない。観光客を見かけることもない（写

写真●5-1　CEID 地区の街並み（2016 年）

注：写真右手のレンガ造りの建物は現在も倉庫として利用されている。倉庫の前には荷下ろし中のトラックが見える。街を歩く人は少なく，道路には多くのトラックが行きかう。
出所：筆者撮影。

真 5-1）。CEID 地区においてかつて工場や倉庫として使われていた建物の多くは，現在もなお工場や倉庫として現役で稼働している。建物の中には，家具のデザイン・製造企業や，ドレスのデザイン・製造企業，コーヒー焙煎所・カフェ，メーカー・スペースとも呼ばれる会員制オープンアクセス型の DIY 工房，クラフトビール醸造所・ブリューパブ，自転車フレーム製造企業など様々な中小企業が入居している（写真 5-2）。倉庫や工場の内装を残したままのクラフトビール醸造所・ブリューパブやコーヒー焙煎所・カフェは，近くの工場で働く人々や近隣住区に住む人々で賑わっている。

　第二次世界大戦後，多くの米国の大都市において，都心部に立地していた製造業が都市周辺部，さらには郊外へと急速に流出した。そのような中，なぜ CEID 地区は中小製造企業・ものづくりベンチャーの集積地として今なお発展を続けているのだろうか。また，都心部に近い場所に立地する中小企業・ものづくりベンチャーの集積は，ポートランド市の経済発展にどのよう

写真●5-2　CEID 地区に立地する家具のデザイン・製造を行う中小企業（2016 年）

注：建物の古い内装はそのままの形で残されている。従業員が愛犬を同伴しているなど，中小企業特有のカジュアルな雰囲気が漂う。
出所：筆者撮影。

な影響を及ぼしているのだろうか。本章では，これらの問題について検討する。

　本章の構成は以下の通りである。第 1 節では，議論のバックグラウンドとして，第二次世界大戦後，米国都市における工業地区の変化に影響を及ぼした環境要因に着目し，生産工程の海外移転および，2000 年代以降再興したメーカームーブメント（Maker Movement）について説明する。第 2 節では，CEID 地区の特徴を紹介する。第 3 節では，第二次世界大戦後の CEID 地区の変遷を説明し，当該地区が中小製造企業・ものづくりベンチャーの集積地として発展を続けている理由を探る。最後に本章の内容をまとめる。

第 5 章　セントラルイースト工業地区：都心に生き残る中小製造企業の集積　　*159*

第 1 節
米国における製造業の空洞化と
メーカームーブメントの発展

第 1 項　米国の製造業における生産工程の海外移転

　第二次世界大戦後から 1970 年代末にかけて，米国は経済的繁栄を謳歌した。米国実質家族年収中央値（real median family income）は 1953 年から 1979 年までの間にほぼ倍増し[2]，米国はたった 1 世代でミドルクラスの国へと変貌を遂げた（Moretti, 2013）。こうした戦後米国の繁栄から恩恵を受けて大きく収入を増やし，同国の主要な中間層となったのは，大手製造企業の労働者かつ組合員達であった（Soja, 1992）。大手製造企業の工場が提供する安定的かつ高報酬の仕事に就くことは，米国労働者にとってのアメリカンドリームであった（Moretti, 2013）。

図●5-1　米国における製造業の被雇用者数および 15-64 歳労働人口の推移（1955-2014 年）

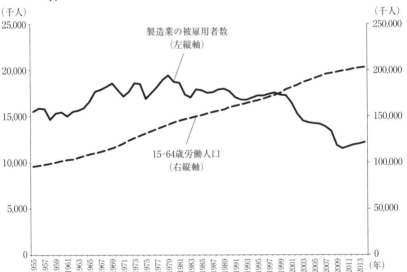

出所：FRED, Federal Reserve Bank of St. Louis, *All Employees: Manufacturing, Working Age Population: Aged 15-64, All Persons for the United States* により筆者作成。

しかし，米国製造業の非雇用者数は，1979年に1943万人というピークをむかえた後，減少に転じた（図5-1）。Moretti（2013）が指摘したように，1979年のイラン革命がもたらした石油価格の急上昇は，まず米国の自動車産業に大きな打撃を与え，その後他の製造業にも影響が拡大した。上昇し続ける生産コストを抑制するために，企業は人員削減に踏み切った。1980年代に入って石油価格は安定するようになったものの，米国の製造業における雇用の減少は続いている。図5-1は，米国製造業の被雇用者数および15–64歳の労働人口について，1955年から2014年までの推移を示したものである。この図からも分かるように，この時期，米国の労働人口は順調に増加し続けた。にもかかわらず，1979年以降，製造業における被雇用者数の減少は続き，また，2000年代に入るとその減少スピードが加速している。

　今日における米国大手製造業の生産と雇用の特徴は，オレゴン州最大の地元企業（2014年度売上げベース）であり[3]，世界最大手のスポーツウエア・シューズメーカーであるナイキの例に端的に表れている。ナイキが公表している「2012・2013年度サステナブル・ビジネス・パフォーマンス・サマリー（Nike, Inc. FY12/13 Sustainable Business Performance Summary）」[4]によると，同社は2014年5月末時点において，世界30の国と地域に分布する785の契約工場に対して自社製品の製造を委託している。ナイキ自体はこれらの工場を所有せず，その運営にも携わっていない。これらの工場は全体で100万人以上の労働者を雇用している。一方，ナイキが米国国内に保有する工場は62しかなく，そこで雇われる労働者は約7000人にとどまる[5]。2015年ナイキの全従業員数は5万6500人であり，そのうちポートランド都市圏における被雇用者数は8500人であった[6]。ナイキの例にも示されるように，今日の米国において，たとえ製造企業が大きく成長したとしても，その成長は必ずしも製造業労働者の雇用増加に結びつかなくなっているのである。

　ナイキの例は特殊事例ではない。むしろ多くの大手製造企業に見られる特徴を示すものである。Moretti（2013）は，アイフォンの生産方法と雇用についてもナイキと同様の特徴を次のように指摘し，米国製造業における生産工程の海外移転が今後も続くことを示唆している。

アップル社のエンジニア達は，カリフォルニア州クパチーノでアイフォンのコンセプトを考案し，それをデザイン化する。これはアイフォンの生産プロセスにおいて，完全に米国で実施される唯一の生産活動である。（中略）アイフォンの電子部品は，複雑ではあるものの，製品デザインほどイノベーティブなものではない。その生産は主にシンガポールと台湾で行われている。（中略）生産の最終フェーズであるハードウェアの組み立てと発送は，最も労働集約的な作業である。これらの作業をどこで行うかを決定する際，人件費がキーファクターとなる。アイフォンの場合，これらの作業は中国深圳郊外の工場で行われている。（中略）米国の消費者がオンラインストアでアイフォンを購入すると，商品は深センから届けられる。不思議なことに，アイフォンが米国の消費者に届くまでの間，完成品に触れる唯一の米国労働者は，輸送会社 UPS の配達員のみなのである（Moretti 2013, pp.9-10）。

第2項　メーカームーブメント

　第二次世界大戦後の米国におけるメーカームーブメントの発生については，1960年代後半から1970年代にかけての時期にまで遡ることができる。しかし，その動きを米国製造業再生のためのチャンスとして政府がとらえ，雇用創出手段として後押しするようになったのは，2010年代以降のことである。メーカームーブメントの定義については定められたものがないが，本書では，National League of Cities (2016) に基づき，次のように定義する。すなわち，メーカームーブメントとは，自分（Do-It-Yourself: DIY）で，あるいは他人と協力して（Do-It-With-Others: DIWO）ユニークな製品を創りだすことに，より多くの人々が参加するという現象である。

　1970年代に発生した初期のメーカームーブメントは，大手企業と政府の統制から人々を解放するためのツールを与えよう（access to tools）との理想に強く影響されたものであった。同ムーブメントは，パソコンの誕生，とりわけアップル社のパソコン誕生と同社の成功に重要な役割を果たした。1968年秋，スタンフォード大学の卒業生であったスチュワート・ブランド（Stewart Brand）が雑誌 *Whole Earth Catalog* を創刊した。同雑誌においてブ

ランドは，人々を大手企業や政府の統制から解放するためには，彼らに自分を解放するためのツールを与えなければならず，その究極のツールこそパソコンであると唱えた。この雑誌およびブランドの思想は，後にアップル社を創業したスティーブ・ジョブズ（Steve Jobs）をはじめとしたスタンフォード大学の学生や初期のコンピュータ愛好者達に大きな影響を及ぼした。

1975 年，シリコンバレーにおいてホームブリュー・コンピューター・クラブ（Homebrew Computer Club）が結成され，エンジニア達やコンピュータ愛好者達が集まった。1976 年，スティーブ・ジョブズとスティーブ・ウォズニアック（Steve Wozniak）は，同クラブにおいて Apple I のデモンストレーションを行った。初期のメーカームーブメントが，人々を大手企業のコントロールから解放することに成功したか否かについては多くの疑問が残るが[7]，同ムーブメントがパソコンの発展を大きく促進したことは確かである。

メーカームーブメントが米国で再び大きな脚光を浴びるようになったのは，2000 年代以降のことである。2005 年，DIY プロジェクトを紹介する雑誌 *Make* が創刊し，職人が作った商品を販売するオンラインストア Etsy（本社はニューヨーク市）が誕生した。翌年の 2006 年，第 1 回メーカーフェア（Maker Faire）がサンフランシスコ周辺のベイエリアで開催された。このメーカーフェアは，エンジニアリング技術やサイエンス・プロジェクト，芸術品，手作りの工芸品，さらに DIY コミュニティが賞賛を受ける場となった。同年，メーカー・スペース TechShop がカリフォルニア州メンローパーク（Menlo Park）で開業した。TechShop を皮切りに，その後様々なメーカー・スペースが米国の諸都市に設立されるようになった。メーカー・スペースは，作業のための場所や，レーザーカッター，3D プリンタといった個人では所有しにくい高価な機械を提供すると同時に，技術教育や会員間の交流機会を与える場となっている。

こうした個人や民間企業によるメーカームーブメントの促進に加えて，2010 年代以降，米国における製造業の再生および雇用拡大の手段として，米国政府もこのムーブメントを後押しするようになった。その象徴的な出来事となったのは，2014 年 6 月にオバマ大統領がピッツバーグの TechShop を視察した後，ホワイトハウスで第 1 回ホワイトハウス・メーカーフェア

(White House Maker Faire）を開催したことである。このホワイトハウス・メーカーフェアには，25州から100人以上の発明家・ものづくりベンチャーが参加し，30以上の製品がホワイトハウスに展示された。展示された製品を見学した後，オバマ大統領は参加者に向けて次のような演説を行った。メーカームーブメントによって，海外に移転した生産工程および雇用を再び米国に戻し，そうすることで中産階級の減少を食い止めたいとの意欲を示したのである。

> 本日のDIYデーは明日の「メイド・イン・アメリカ」となる。あなた達の作品やプロジェクトは，米国の製造業で革命が起きていることを示している。この革命は，今後新しい雇用を創出し，新しい産業の誕生を促進するであろう。
>
> 私達が経験した最も深刻な経済危機から5年が過ぎた。この5年間，米国の産業は連続51カ月の雇用増加を実現し，計940万の新しい仕事を作り出した。しかし，私達がさらに多くの仕事を創り出さなければならないことは明らかだ。そして，さらなる仕事を作り出すもっとも良い方法は，米国の製造業を再生させることである。中略。私達はできうる限りの手段を講じて，素晴らしい製造業の仕事を再び米国に取り戻す。なぜならば，私達の親や祖父母は，ものを買うことではなく，ものを作ることによって世界最強の経済を作り上げ，最も強い中産階級を形成したからである（強調は筆者による）。

このように，近年米国で再興したメーカームーブメントは，単に製造業におけるイノベーションを促進しようとするだけのものではない。むしろ，1980年代から減少し続けた製造業労働者の雇用を創出することにこそ，政府および活動家達の思惑がある。第1回ホワイトハウス・メーカーフェアの開催にともない，米国中小企業庁（SBA）や合衆国特許商標庁（USPTO），国防総省（DoD），米国国立科学財団（NSF），合衆国農務省（USDA）などの中央省庁が，中小メーカー・ものづくりベンチャーを対象とした様々な支援プログラムを打ち出した。また，地方のいくつかの都市がメーカーフェアを開催するようになった。

ポートランド市において，地元の製造業の集積を維持するための動きが始まったのは1980年代のことである。近年同市では，製造業の集積を保つための民間企業や非営利団体の活動がさらに活発なものとなっている。こうした活動にも，2000年代以降全米で再び高まりつつあるメーカームーブメントが大きな影響を及ぼしている。次の節では，ポートランド市のCEID地区の特徴との変遷を説明し，当該地区が製造業の集積として維持されてきた理由を解明するとともに，こうした製造業の集積がポートランド市の経済に及ぼす影響について明らかにする。

第2節

CEID地区の特徴

　図5-2は，ポートランド市におけるCEID地区の位置および地区の範囲を示したものである。ポートランド市は，都市を縦断するウィラメット川により東西に分けられている。CEID地区はウィラメット川の東岸にあり，バーンサイド橋（Burnside Bridge）およびモリソン橋，ホーソン橋（Hawthorn Bridge）によってウィラメット川西岸のダウンタウンとつながっている。CEID地区は，西のウィラメット川，東のサウス・イースト・トゥウェルブス・アベニュー（SE 12th Avenue），北の高速道路I-84号線，南の高速道路U.S.ハイウェイ26号線に囲まれるエリアであり，その総面積は681エーカー（2.76km²）である。

　CEID地区が立地するウィラメット川の東岸は，1870年から1891年まで，イースト・ポートランド市とされていた地域である。ウィラメット川の東岸では，1860年代終盤以降，鉄道建設事業が進められた。1887年，ウィラメット川の東側と西側をつなぐ最初の橋としてモリソン橋が開通すると，CEID地区は，オレゴン州の農産物を輸送するハブとして急速に発展した。こうして19世紀終盤以降，CEID地区には多くの倉庫が建設されるようになった。

　ポートランド市のダウンタウンと同じように，CEID地区の街並みは1850年代に区画されたものである。また，当時のポートランド市の多くの地区と同じように，1ブロックの大きさは，長さと幅それぞれ200フィート（61m）の小さいものであり，道路の幅は60フィート（18m）または80フィー

図●5-2 ポートランド市におけるCEID地区の位置および地区の範囲

出所：Google Map データより筆者作成。

ト（24m）という狭いものであった。その後自動車普及に対応するための道路拡幅工事により多少変化はあったものの，土地面積が4万平方フィート（3716㎡）しかないこのような小さいブロックは，現在もなおそのほとんどが地区内に残されている。そのため，CEID地区の多くのブロックでは，1ブロック内の建物の数が非常に少なく，1ブロックに1棟の建物しか建っていない場所も多い。こうした建物は主に平屋の工場・倉庫，または中層の倉庫として建設されたものである。CEID地区には，1960年以前に建てられ

写真●5-3　CEID 地区の典型的な中層倉庫（2016 年）

出所：筆者撮影。

写真●5-4　CEID 地区の典型的な平屋の建物（2016 年）

出所：筆者撮影。

写真●5-5　平屋の建物に入居しているカフェ Coava Coffee Roasters（2016年）

出所：筆者撮影。

写真●5-6　平屋の建物に入居している竹製品のデザイン・製造会社 Bamboo Revolution（2016年）

出所：筆者撮影。

た建築物が今も非常に多く残されている。

　写真5-3と写真5-4は，CEID 地区における典型的な建築物を示している。写真 5-3 の中層倉庫 Rinella Produce は，1910 年代に家族経営の農産物卸売企業の倉庫として建てられた建物である。今日も同家族が経営する農産物卸売企業の倉庫兼物流センターとして使用されていると同時に，建物の一階にはカフェとホットドッグ店が入居している。一方，写真 5-4 の平屋の建物には，現在コーヒーを焙煎し小売するカフェ（写真 5-5）と，竹製品デザイン・製造会社（写真 5-6）が入居している。建物の古い内装が残されており，カフェと竹製品デザイン・製造会社は壁などで隔てられることなく 1 つの広い空間を共有している。このような空間利用の方法は興味深い。

　CEID 地区は今日もなお物流中心および工業地区として発展しているが，その東側の境界線であるサウス・イースト・トゥウェルブス・アベニューを超えると，風景が一変して閑静な住宅街となる。サウス・イースト・トゥウェルブス・アベニューの東に位置するバックマン住区（Buckman）とホスフォード・アバネシー住区（Hosford-Abernethy）はポートランド市内でも最も古い住区である。今日まで当時の街並みが維持されているこれら 2 つの住区は，住宅地として現在非常に高い人気を誇っている。

　1970 年代までの CEID 地区は，ウィラメット川の西岸にあるパールディストリクトとともに，ポートランド市都心部に立地する物流中心・工業地区であった。しかし今日，パールディストリクトにあった鉄道操車場と倉庫，工場は，高級マンションや高級小売店・レストランへと姿を変えた。それとは対照的に，CEID 地区には依然として貨物列車が走っており，数多くの中小製造企業・ものづくりベンチャーや中小物流企業が集積している。1950 年代から 70 年代にかけてポートランド市街地に立地した製造企業と流通企業は次々と郊外に移転した。また，1980 年代以降，ポートランド市がクオリティ・オブ・ライフの高い都市として注目されるようになると，同市内では住宅とオフィスの開発が活発化した。そのような中，CEID 地区はどのように工業地区として維持されてきたのだろうか。以下では，CEID 地区の変遷を説明することで，これらの問題について検討する。

第3節
CEID 地区の変遷
工業地区を守る

第1項　中小企業の集積地へ（第二次世界大戦後～1970年代）

　第二次世界大戦後から 1973 年第一次石油危機までの間，米国の製造業は発展し続けた。同じ時期，オレゴン州においても製造業が発展し，農業に代わって主要な産業となった。ただし，オレゴン州の製造業はもっぱら木材加工業と食品加工業に依存していた。一方，この時期に，ポートランド市の産業構造には以下の2つの特徴が見られた。

　第1に，戦後米国の主要な貨物輸送手段がトラック輸送へと変化したことにともない，ポートランド市でもトラック輸送が急速に発展した。周辺地域における同市の卸売・物流センターとしての地位はさらに強化された。例えば，ポートランド市の調査によると，1959 年から 1973 年までのポートランド市における卸売業とトラック輸送業の被雇用者数の増加率はそれぞれ 123% および 206% と非常に高かった（City of Portland, Oregon, 1978）。

　第2に，戦後米国の多くの都市において製造業や卸売業，物流業，建設業に属する企業，とりわけ大手企業がその立地を都心から都市周辺へ，さらに郊外へと移転する現象が見られたが，ポートランド市も例外ではなかった。1977 年までに周辺郊外において 12 の工業団地（industrial parks）が建設されると（City of Portland, Oregon, 1978），ポートランド市内から移転した製造企業や卸売・物流企業を含めて，より多くの企業が郊外に立地するようになった。

　このように戦後から 1970 年代までにかけて，ポートランド市の産業構造は大きく変化した。そのような中，CEID 地区の産業と企業はどのように変化したのであろうか。1950 年代と 1960 年代の米国経済の繁栄期において，CEID 地区では古い住宅が取り壊され，工場や倉庫に建て替えられた。そして同地区における製造企業や卸売・物流企業の数は増加した（Jones, 2014）。ところが，1969 年から 1973 年までの間に，CEID 地区の中でも規模の大き

い企業 13 社が別の地区に移転してしまった。そのため，CEID 地区の企業や不動産所有者，さらに市当局は，CEID 地区の産業が衰退しつつあると捉え，地区の再活性化策を講じる必要があると判断した（City of Portland, Oregon, 1978）。

1970 年代半ば，ポートランド市は，米商務省経済開発局（U.S. Department of Commerce, Economic Development Administration: EDA）に補助金を申請し，獲得した補助金で CEID 地区内でも最も企業密度が高い 550 エーカー（2.2㎢，CEID 地区の総面積の 80.8%）について詳細な調査を実施した。調査の結果，CEID 地区における大手企業の数は確かに減少していたものの，中小企業はむしろ増加し，空き物件もほとんどないことが分かった。同地区が中小企業の集積地として健全に発展しているという興味深い結果が明らかになったのである。この調査によって明らかにされた CEID 地区の特徴は，以下の 3 点にまとめられる[8]。

1. 工業の発展

まず第 1 に，CEID 地区は，ポートランド市内の卸売業・物流産業の中心地としての地位を維持していたと同時に，製造業の中心地としても発展を遂げていた。ポートランド市当局の調査によると，1959 年から 1973 年まで，ポートランド市において被雇用者数の増加率が最も大きかった 3 つの業種は，自動車輸送業と卸売業，輸送機器製造業であり，それぞれの増加率は 206% と 123%，71% であったという（City of Portland, Oregon, 1978）。一方，同じ時期に CEID 地区において被雇用者数の増加率が最も大きかった 3 つの業種は，自動車輸送業と卸売業，金属加工業であり，それぞれの増加率は 224% と 218%，155% であった（City of Portland, Oregon, 1978）。1958 年から 1973 年までの間に，ポートランド市における製造業・卸売業・運輸業・建設業の被雇用者数は 26.8% 増加したが，同じ時期，CEID 地区におけるこれらの産業の被雇用者数の増加率は 32.6% で，市平均より高かった（City of Portland, Oregon, 1978）。

表 5-1 は，1976 年 CEID 地区における業種別の被雇用者数と構成比を示している。この表に示されるように，1976 年 CEID 地区では 1 万 1270 人

表●5-1 CEID地区[注]における業種別の被雇用者数と構成比（1976年）

業種	被雇用者数（人）	構成比（％）
計	11,270	100.0
卸売業	3,405	30.2
製造業	2,447	21.7
食料品製造	756	6.7
金属加工	396	3.5
機械（電子・電気製品を除く）製造	375	3.3
アパレル製造	220	2.0
印刷	213	1.9
電気製品製造	118	1.0
化学製品製造	78	0.7
一次金属製造	72	0.6
石・粘土・ガラス製品製造	71	0.6
ゴム製品製造	45	0.4
製紙	32	0.3
輸送機器製造	28	0.2
木材加工，家具製造	27	0.2
その他の製造業	16	0.1
小売業，飲食店	2,177	19.3
自動車ディーラー	545	4.8
飲食店	421	3.7
建築材料，金属類小売	312	2.8
食料品店	306	2.7
家具店	117	1.0
総合量販店	108	1.0
その他の小売	368	3.3
サービス業	1,305	11.6
自動車修理，その他の修理業	410	3.6
その他のビジネス・サービス（法律事務所を含む）	391	3.5
非営利団体	207	1.8
個人サービス	135	1.2
その他のサービス	162	1.4
輸送業	703	6.2
自動車輸送業	660	5.9
鉄道輸送業	43	0.4
金融，保険，不動産業	643	5.7
建築業	590	5.2

注：CEID地区のうちの550エーカーに関するデータである。被雇用者数が多い順に掲載。
出所：City of Portland, Oregon (1978) により筆者作成。

が雇用されていた。この数値からも CEID 地区がポートランド市内における最も重要な雇用先の1つとなっていたことが分かる。1976 年 CEID 地区の被雇用者のうち，約4割は卸売業と物流産業，約5分の1は製造業で雇用されており，製造業の業種は多岐にわたっていた。また，小売業とサービス業では，自動車ディーラーや建築材料・金属類小売業，自動車修理業，ビジネス・サービス業で働く人が多かった。こうした点にも，CEID 地区の工業地区としての特徴が現れていた。

2. 中小企業の集積

　ポートランド市当局の調査では，CEID 地区の大手企業が他地区へと転出した一方，製造業をはじめとする中小企業が多く転入した結果，同地区が中小企業の集積地となっていることも明らかになった。たしかに，1969 年から 1973 年までの間，13 社のより規模が大きい企業が CEID 地区から別の地区へと移転した。その一方，1970 年から 1976 年までの CEID 地区の製造業被雇用者数の年間増加率が 4.5% であったことにも示されるように，CEID 地区の工業は発展し続けていた。CEID 地区から転出した 13 の企業 1 社あたりの平均被雇用者数は 77 人であったのに対して，1973 年 CEID 地区に立地した企業（製造業，卸売業，運輸業，建設業が含まれる）の 1 社あたり被雇用者数は 25 人であった（City of Portland, Oregon, 1978）。CEID 地区から転出した企業は主に大手食料品製造業と大手輸送機器製造業であり，同地区で大きく増加したのは中小規模の金属加工企業であった（City of Portland, Oregon, 1978）。

　表 5-2 は 1973 年 CEID 地区の業種別 1 企業あたりの被雇用者数を示したものである。表 5-2 に示されるように，電気製品製造業とアパレル製造業，食料品製造業を除き，他の業種の 1 企業あたりの被雇用者数は 30 人程度またはそれ未満であった。1970 年代半ば，CEID 地区に立地する企業の平均被雇用者数は，郊外の工業団地のそれよりはるかに少なかっただけではなく，ポートランド市内の工業地区の中でも最も少なかった（City of Portland, Oregon, 1978）。このように，1970 年代半ば，CEID 地区は中小企業の集積地となった。当該地区の産業発展は，大手企業の立地によるものではなく，

第 5 章　セントラルイースト工業地区：都心に生き残る中小製造企業の集積　　*173*

表●5-2　CEID 地区[注]の業種別1企業あたりの被雇用者数（1973年）

業種	平均被雇用者数（人）
卸売業	15
自動車輸送業	36
建築業	31
食料品製造業	48
金属加工業	38
機械（電子・電気製品を除く）製造業	15
アパレル製造業	50
印刷業	10
電気製品製造業	72
化学製品製造業	27
一次金属製造業	27
石・粘土・ガラス製品製造業	17
ゴム製品製造業	9
製紙業	18
輸送機器製造業	22
木材加工	12
家具製造業	20
その他の製造業	22

注：CEID 地区のうちの 550 エーカーに関するデータである。
出所：City of Portland, Oregon (1978) により筆者作成。

中小企業が集積した結果成し遂げられたものであることが分かる。

3. 経済的活力の維持

　ポートランド市当局の調査によって明らかとなった CEID 地区の3つ目の特徴は，当該地区の経済活力が維持されている，という特徴である。この点は，具体的に2つの側面に現れている。

　第1に，CEID 地区に立地する中小製造企業の多くは大手製造企業の下請け企業でないばかりか，地区内の企業間取引に依存することもなく，数多くの企業または個人に商品を直接販売していた。そのため，CEID 地区の製造企業が，大手製造企業の経営業績の変動から大きな影響を受けることはなかった。

　第2に，CEID 地区は，中小企業が積極的に立地したがる場所であった。

大手製造業が CEID 地区から転出した最大の理由は，当該地区の 1 ブロックあたりの面積が小さいことにあった。19 世紀に整備された当該地区のブロックは長さと幅それぞれ 61m であり，面積が 3716㎡ と狭い。このような敷地では，大手製造企業が合理的に生産設備を配置することは困難である。また，企業の成長にともなって必要となる工場の増床も難しい[9]。さらに，CEID 地区の土地・不動産所有者は，1 ブロックあるいは半ブロックのみを所有するような小規模の不動産所有者であったため，複数のブロックを併合して使用することも困難であった。

　ところが，CEID 地区の小さなブロックは，中小企業にとっては十分な広さがあった。また，そうした小さなブロックに残された古い建物の家賃が安いこともまた，中小企業にとって非常に魅力的であった。1977 年，CEID 地区と競合するポートランド市内の工業団地・流通団地（主に同市の周辺部に立地していた）は 8 団地，競合する郊外の工業団地・流通団地は 12 団地あり，これらの工業団地・流通団地の 1 平方フィート（0.09㎡）あたりの月間家賃は 12.5 セントから 22 セントであった（City of Portland, Oregon, 1978）。一方，CEID 地区の 1 平方フィートあたりの月間家賃は 10 セントから 16 セントであり，競合する工業団地・流通団地より安くおさえられていた（City of Portland, Oregon, 1978）。CEID 地区に立地する中小企業の多くは，不特定多数の企業と消費者に商品を販売していたため，数多くの企業・消費者にアプローチすることができるという意味で，都心に立地することに大きなメリットを感じていた。同地区の安い家賃が，中小企業が都心に立地することを可能にしたのである。

　このように，1970 年代半ばポートランド市が実施した CEID 地区に対する詳細な調査を通じて，CEID 地区特有の特徴が明らかになった。すなわち，CEID 地区に集まった企業の多くは中小規模の製造企業と卸売・物流企業であったにもかかわらず，その集積全体としては約 1 万 3000 人もの雇用を創出しており，同市において最も重要な雇用先の 1 つとなっていたのである。こうした調査結果を受けて，1980 年ポートランド市当局は，CEID 地区について都市計画上の工業保護政策（Industrial Sanctuary Policy）を取ることを決定した。

第2項　工業保護政策の実施と政策の後退（1980年代以降）

　ポートランド市当局による工業保護政策の下，1980年代に入るとCEID地区の約3分の2にあたる地域が第1種工業地区（General Industrial 1: IG1地区）に指定された（City of Portland, Oregon, Bureau of Planning, 2003）。IG1地区では，ほとんどの工業，すなわち製造業，倉庫および物流業，卸売業，建設業，鉄道操車場の立地が可能である[10]。その一方，小売と一般オフィス（銀行，法律事務所，クリニックなど）の立地に関しては，面積が3000平方フィート（279㎡）以下かつ単独店舗・事業所であるものを除き，条件付き土地利用許可が必要である。また，IG1地区では，住宅の立地は基本的に認められていない。

　CEID地区の幹線道路沿いの土地（地区面積の約5分の1）は主にミックスユーズ地区（EX地区）に指定された。この地区では，工業と小売，一般オフィス，住宅の立地が可能である（City of Portland, Oregon, Bureau of Planning, 2003）[11]。一方，工業用途と最もコンフリクトが大きいと思われる住居専用地区（Multi-Dwelling: R1地区および，Central Residential: RX地区）に指定された面積は，CEID地区全体の4.9%に過ぎなかった（City of Portland, Oregon, Bureau of Planning, 2003）[12]。このように，ポートランド市当局は，ゾーニング規制を用いて，物流企業・製造企業の集積というCEID地区の特徴を保護しようとしたのである。

　ところが，1990年代に入るとCEID地区に3つの変化が見られるようになった[13]。第1に，米国の物流においてトラックに代わって大型トレーラーが主要な輸送手段となったため，CEID地区の狭い道路では大型トレーラーに対応できなくなった（写真5-7）。地区の卸売・物流会社の一部は，ポートランド港またはポートランド国際空港近くの物流・工業団地に移転した。

　第2に，CEID地区に立地していた卸売・物流会社が地区から転出した一方，2000年代以降，当該地区に残された古い中層倉庫にはソフトウェア開発などの情報通信関連の企業が増加し始めた。その主な要因は，サンフランシスコと周辺のベイエリア，シリコンバレーの主要都市，さらにシアトル市と比べて，ポートランド市の不動産価格が相対的に安いことにあった[14]。例

写真●5-7　CEID 地区において荷積み・荷下ろしをする大型トレーラー（2016 年）

注：駐車中の大型トレーラーが狭い道路を封鎖している。また，左にターンして発車しようとする大型トレーラーは歩道に乗り上げてしまっており，曲がりにくい様子がうかがえる。
写真：筆者撮影。

えば，2014 年ポートランド市内の持家市場価格の中央値は 28 万 5300 ドル（3138 万円）であり，これは，サンフランシスコの 76 万 5700 ドル（8423 万円）やサンノゼ市の 57 万 9500 ドル（6375 万円）の半分以下であった[15]。また，シアトルの 43 万 7400 ドル（4811 万円）と比較してもはるかに安かった[16]。サンフランシスコ地区とシリコンバレーの不動産価格が非常に高いことから，これらの地区に立地していたスタートアップ・中小企業はまずシアトル市に移った。その後，シアトル市の不動産価格が高騰した結果，これらの企業はさらにポートランド市へと移ったのである。

第 3 に，2000 年代に入ると，ポートランド市当局による工業保護政策が後退した。2006 年ポートランド市当局は，CEID 地区における土地利用規制の改正案を承認した。2007 年 1 月に施行された新しい規制において，CEID 地区における 148 エーカーの土地（59 万 8956 ㎡）が EOS サブエリア（Employment Opportunity Subarea: EOS）に指定された[17]。EOS サブエリ

アでは,土地利用に関して2つの規制緩和が実施された。第1に,ソフトウェア開発やウェブサイト・デザイン,データ処理など,顧客が頻繁にオフィスを訪れることのないオフィスを新たに「工業オフィス（Industrial Office）」として定義し,それらを一般オフィスと区別した上で,審査なく立地できる工業オフィスの上限面積を6万平方フィート（5574㎡）に定めた。第2に,審査なく立地できる一般オフィスおよび小売店（飲食店を含む）の上限面積が,IG1地区の3000平方フィート（279㎡）から5000平方フィート（465㎡）へと引き上げられた。EOSサブエリアには,第二次世界大戦以前からの中層倉庫が今日も多く残されている（写真5-8）。ポートランド市当局は,卸売・物流会社の転出により,これらの倉庫が十分に利用されていないことを認識した。規制緩和を通じて,倉庫の高密度利用を実現すると同時に,雇用機会を創出しようとしたのである[18]。

ポートランド市当局が行ったこうした規制緩和は,CEID地区の雇用創出にプラスの影響を及ぼしている一方,製造業の発展には必ずしも寄与しな

写真●5-8　工業オフィスとレストランが入居している古い中層倉庫（2016年）

出所：筆者撮影。

かった。1980 年，CEID 地区の被雇用者数は約 1 万 6000 人であり，2013 年にその数は約 1 万 7000 人にまで増加した[19]。しかし，1980 年被雇用者数上位 2 産業であった卸売業（運輸業・倉庫が含まれる）と製造業の被雇用者数はそれぞれ 4420 人と 3482 人であったが，2013 年になると，その数はそれぞれ 2720 人と 1700 人にまでに減少した[20]。とりわけ製造業の被雇用者数は半減した。その一方で，2013 年 CEID 地区において，映画製作，広告会社，ソフトウェア開発，建築事務所，デザイン事務所など，市当局に「知識ベースおよびデザイン産業（Knowledge Based and Design）」と呼ばれる業種の被雇用者数は 2720 人，また，ダンスクラブなど娯楽企業および飲食店の被雇用者数は 2040 人であり，いずれも製造業の被雇用者数をはるかに上回っていた[21]。

　CEID 地区における中小製造企業・ものづくりベンチャーの集積を守るべく，CEIC（Central Eastside Industrial Council），すなわち CEID 地区の企業や活動家達が組織する地区振興を目的とした非営利団体のリーダー達は，ポートランド市当局による規制緩和の問題点について，次のように訴え続けている[22]。たとえ中小の製造企業であっても，ソフトウェア開発やデザイン・オフィスと比較すると，必要な工場スペースははるかに大きい。また，娯楽企業やレストランの 1 平方フィートあたりの収益は製造業より高い。そのため，ソフトウェア開発やデザイン・オフィス，娯楽企業・レストランは，製造企業と比べて，1 平方フィートあたりの家賃をより高く負担することができる。これらの企業が CEID 地区に多く進出することにより，地区の家賃が上昇し，結果として，製造企業が地区から駆逐されかねない。土地利用の規制緩和により，CEID 地区がもう 1 つのパールディストリクトに変わっていく可能性があることを彼らは主張しているのである。こうした政治的な活動に加えて，製造業を振興しようとする起業家達は，CEID 地区にメーカー・スペースを開業するなど，ものづくりベンチャーの育成にも努めている。これらの起業家達の活動については，次の第 6 章で紹介することとしたい。

おわりに

　1960 年代から 1970 年代にかけて，ポートランド市都心部に立地する物

流・工業地区であったCEID地区からは，大手企業が相次いで転出した。一方，中小の製造企業や卸売・物流企業が多く転入し，その結果，同地区は中小企業の集積地となった。CEID地区は，今日もなお，同市都心部における中小企業・ものづくりベンチャーの集積地であり続けている。都市圏に大手企業の本社が少なく，経済が数少ない大手企業およびその工場に依存している，という地方都市特有の特徴を持つポートランド市にとって，競争力のある中小企業を育成することは，都市の健全な発展に向けて非常に重要である。CEID地区は，ポートランド市の経済に対して，以下の3点で大きく貢献している。

　第1に，CEID地区における中小企業1つ1つの規模は小さいものの，その集合は多くの雇用を創出している。2015年，ポートランド大都市圏においてインテルが雇用する人数は1万8600人であったのに対し，データを入手できた2013年，CEID地区で働く人の数は1万7000人であった。これは，インテルの雇用数と比較しても遜色ない値である。

　第2に，大手企業の戦略に翻弄され，雇用が不安定なポートランド都市圏において，CEID地区は雇用を安定化させる役割を果たしている。2016年4月，インテルは，2017年半ばまでに最大で全社員の11%に相当する1万2000人を削減するリストラ計画を発表した。ポートランド都市圏においても実際に784人の従業員が解雇された。一方，CEID地区に立地する中小企業の業種は多岐にわたる。またそのうち製造企業は，特定の大手製造企業の下請けではなく，不特定多数の顧客に対して製品・サービスを直接提供している。そのため，景気の変動からある程度の影響を受けることは不可避であるとしても，大手企業による大型リストラのように，短期間に多くの失業者が発生する可能性は少ない。

　第3に，大手企業と比較しても，都市財政に対する中小企業の貢献は決して小さくない。インテルとナイキにポートランド都市圏内に残存してもらうべく，オレゴン州は両社に対して様々な税制優遇措置を提供している。またその交渉において，大手企業は常に優位な立場を保っている。一方，CEID地区に投入された公的資金は，主に道路整備，すなわち高速道路と一般道路のコネクション改善や，自転車道の整備，路面電車の建設費などであった。

これらの事業は，CEID 地区内の企業だけではなく，全市にわたる企業・住民・通勤者が潜在的な受益者となりうる事業であり，同市のクオリティ・オブ・ライフを高める事業でもある。CEID 地区の古い工場や倉庫は，公的機関の補助金によってではなく，不動産所有者とテナントの資金，知恵と工夫により人気の高い物件となっている。近年，ダウンタウンのオフィス開発業者は，自らが所有する物件の内装をわざわざ CEID 地区の工場・倉庫空間に似せてリフォームするという[23]。それほどまでに，CEID 地区は多くの企業にとって立地を希望する場所となっているのである。このように，CEID 地区は財産税や所得税などの面でポートランド市の税収に貢献している。

　上述のように，CEID 地区はポートランド市経済の持続的な発展に貢献している。しかし，当該地区を中小企業とりわけ中小製造企業の集積地として維持し続けることは，決して容易なことではない。1960 年代から 70 年代にかけて，ポートランド市に立地した大手製造企業と流通企業が次々と郊外に移転した。また 1980 年代以降，ポートランド市がクオリティ・オブ・ライフの高い都市として注目され始めると，同市内では住宅とオフィスの開発が活発化した。こうした環境に置かれたにもかかわらず，CEID 地区が中小製造企業と物流企業の集積地として発展し続けることができた背景には，以下の 3 つの要因があったと考えられる。

　第 1 に，高速道路建設やアーバンリニューアル事業など，中小企業に立ち退きを迫ったり，あるいは地区全体を取り壊すような事業が CEID 地区において計画・実施されてこなかった。この点において，ポートランド市の CEID 地区は，他の米国都市都心部に立地する物流・工業地区とは異なっていた。

　第 2 に，1970 年代まで CEID 地区の家賃は非常に安くおさえられていた。

　第 3 に，1980 年代から 2000 年代半ばにかけて，ポートランド市当局が CEID 地区において工業保護政策を実施した。1970 年代，ポートランド市当局は，CEID 地区の状況を詳細に調査し，同地区が中小企業の集積地へと変化している現状を正確に把握した。その上で，その現状に即した工業保護政策を採用したのである。こうした工業保護政策の下で施行されたゾーニング規制などの土地利用規制が，CEID 地区における地価の上昇を抑制し，そ

のことがCEID地区における中小製造企業・ものづくりベンチャーの発展を促進した。

　一方，1990年代以降における情報通信産業の急速な発展，さらに2000年代ポートランド市当局がCEID地区で実施した土地利用規制の緩和は，当該地区における中小製造企業・ものづくりベンチャーの発展に新しい課題をもたらした。現在，CEID地区では，土地利用規制の在り方について，市当局と地元関係者との間で議論が続いている。と同時に，製造業を振興しようとする起業家達は，CEID地区にメーカー・スペースを開業し，ものづくりベンチャーの育成に励んでいる。次の第6章では，こうした起業家達の活動について紹介する。

第6章
ものづくりベンチャーを育てる起業家達
メーカー・スペース ADX の事例

> By sharing tools, knowledge, space, & experience,
> we're doing things better by working together.
>
> 一緒に仕事をし，道具や知識，場所，経験を共有することで，
> 私達はより良いものをつくっている。
> （Roy & Acott, 2015, p.21）

はじめに

　ポートランド市の都心部に残されている唯一の工業地区である CEID 地区は，都心部における中小製造企業・ものづくりベンチャーの集積である。CEID 地区の中小製造企業・ものづくりベンチャーの発展を促進し，その集積を維持するべく，地区の企業家や活動家達は，ポートランド市当局に対して土地利用規制緩和への反対を訴え続けている。その一方起業家達は，当該地区内においてメーカー・スペースを開業した。メーカー・スペースとは，会員制オープンアクセス型の DIY 工房のことである。CEID 地区でメーカー・スペースを開業した起業家達は，こうした施設を開設することで，ものづくりベンチャーを育成しようとしているのである。CEID 地区内で最も名を知られたメーカー・スペースに ADX がある（写真6-1）。

　ADX は 2011 年 6 月に女性起業家ケリー・ロイ（Kelley Roy）がオープンさせたメーカー・スペースである。ロイは地質学学士号を持ち，大学院では都市計画を専攻していた。ロイは，メーカームーブメントの推進者である。すでに多くの製造業の雇用を失った米国において，職人の手で独自にデザインされた商品を，短いリードタイムで生産できる革新的な中小製造業こそが，地域の雇用と経済発展に不可欠であると彼女は確信している[1]。こうした考えに基づき，ロイは，ポートランド市当局が CEID 地区で実施している土地利用の規制緩和に反対を唱え続けている[2]。と同時に ADX を運営し，職

写真●6-1　ADXの外観（2016年）

出所：筆者撮影。

人やものづくりベンチャー，さらにそれを目指す人々に対して，実際にものを作る場やものづくりについて学ぶ場，コミュニケーションの場を提供しようとしている。

　ADXは公的補助を受けていない。一般の民間企業として，収入・支出および企業マーケティングの側面で革新的な手法を案出することにより，ビジネスを発展させている。本章では，ADXの事例を説明することで，CEID地区に立地するメーカー・スペースの革新的な経営手法および，これらの施設が地区における中小製造企業・ものづくりベンチャーの発展に与える影響を明らかにする。本章の構成は次の通りである。第1節では，ADXが会員に提供するサービスを紹介する。第2節では，ADXが案出した革新的な経営手法を説明する。最後に，ADXがCEID地区における中小製造企業・ものづくりベンチャーの発展に及ぼす影響をまとめる。

第1節
ADXが提供するサービス

　ADXはCEID地区東部のサウス・イースト・イレブンス・アベニュー（SE 11th Avenue）に立地する。当該地域は第1種工業地区（IG1地区）に指定されている。ADXが使用する建物自体は1957年に倉庫として建設されたものである。ADXは1階建ての部分と2階建ての部分から構成されており、総面積は約1万4000平方フィート（1301㎡）である。ADXの月間家賃は約1万ドル（110万円）であり、1㎡あたりの月間家賃は約7.69ドル（846円）である[3]。CEID地区において、1500平方フィート（139㎡）の個人経営の自転車フレーム工場の1㎡あたりの月間家賃が16.15–19.38ドル（1777–2132円）であることを考えると[4]、ADXの家賃はかなり安く抑えられていると言える。ADXの家賃が安い理由は、倉庫を丸ごと一軒借りていることと、不動産所有者であるチャールズ・ファリース（Charles Faries）が製造業に物件を貸したいという強い意向を持っていることにある[5]。ロイは、自らのADX経営の経験に基づき、中小製造企業・ものづくりベンチャーにとって安い家賃がいかに重要であるかをポートランド市当局に訴え続けている。

　現在ADX内には4つの専門作業場がある。すなわち「木材加工工場（Wood Shop）」（写真6-2）および「金属加工工場（Metal Shop）」（写真6-3）、「デジタルデザイン・スペース（The Bridge）」（写真6-4）、「スクリーン印刷・ジュエリーづくり・縫製工場（The Cube）」（写真6-5）である。ADXはこれらの専門作業場に加えて、共用の作業スペース（写真6-6）や、メンバー間の交流を促す場所（写真6-7）を提供している。4つの専門作業場には、テーブルソーやスライド式コンパウンドマイターソー、立てフライス盤、レーザー加工機、3Dプリンタ、シルクスクリーン印刷に関する機材、オートデスクのAutoCADソフトウェアなど、ものづくりの初心者でも使える道具から、熟練者が使うようなツールとソフトウェアが揃っている。

　メンバー間の交流を促進するために、ADXは施設内にカフェを設けている（写真6-7）。このカフェには従業員がおらず、会員はセルフサービスで自由に利用できる。またADXは、毎月最後の月曜日の夕方6時から、この

写真●6-2 ADX の木材加工工場（2016 年）

出所：筆者撮影。

写真●6-3 ADX の金属加工工場（2016 年）

出所：筆者撮影。

写真●6-4 ADXのデジタルデザイン・スペース（2016年）

出所：筆者撮影。

写真●6-5 ADXのスクリーン印刷・ジュエリーづくり・縫製工場（2016年）

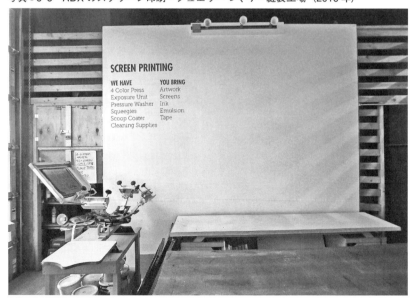

出所：筆者撮影。

第6章 ものづくりベンチャーを育てる起業家達：メーカー・スペースADXの事例　*187*

写真●6-6　ADXの共有作業スペース（2016年）

注：写真中央のオブジェは，ADXの会員が制作中のパブリックアートである。
出所：筆者撮影。

写真●6-7　ADXのカフェで開催されるコミュニティ・ポットラック・パーティ（2016年）

出所：筆者撮影。

カフェにおいてコミュニティ・ポットラック・パーティ（Community Potluck）というイベントを開催し，無料で全会員を招待している（写真6-7）。イベントの名称はポットラック（あり合わせ料理）であるが，各会員が料理を持ち寄るのではなく，ADX が食事を用意する。また，CEID 地区に立地するスタートアップ・クラフトビール醸造所「バーンサイド・ビール醸造所（Burnside Brewing Company: 2010 年創業）」がビールを無料で提供する。ADX のすべての会員は気軽にパーティに参加することができ，この場を活用してメンバー同士のコミュニケーションを図っている。このようなコミュニケーション機会を提供する意味について，ADX のメンバーシップ・ディレクターであるカット・ソリス（Kat Solis）は次のように説明している。

> 　ADX は，カフェを設けたり，コミュニティ・ポットラック・パーティを開催したりすることによって，会員同士の交流を促進しようとしている。会員達が互いに顔を合わせる機会を作ることは重要である。なぜなら，会員達はパーティやカフェにおいて知り合いになるきっかけを得るからである。彼らは次に会うときには互いにハイ（Hi）と挨拶を交わす。そして彼らは顔見知りとなり，互いに自分のプロジェクトについて話したり，他人にアドバイスや情報提供をし始めるのである。会員間のネットワークづくりを促進することは，作業スペースを提供するのと同じ位，ADX の重要な役割である（筆者のインタビュー調査，調査日：2016 年 3 月 28 日）。

実際，ADX のコミュニティ・ポットラック・パーティの様子を見ると，参加者達の中には，世間話をする人もいれば，自分のプロジェクトについて熱心に語る人もいる。また，技術や素材などについて真剣にアドバイスを求める人もおり，パーティは会員間のネットワークづくりに貢献していると言える。

第 2 節
経営を成り立たせる仕組み

　米国のメーカー・スペースには，非営利団体が運営するところや，地方自治体の補助によって成り立っているところが少なくない。しかし，ADX は一般の民間企業である。民間企業のメーカー・スペースの中には倒産する企業も多いという。そのような厳しい経営環境において ADX が生き残っている背景には，同社が独特の収入源を獲得し，かつ人件費を抑える仕組みを作り出したことがある。

第 1 項　ADX の収入源

　ADX の収入源は主に 4 つある。(1)個人会員の会員費・作業場レンタル料，および(2)企業や学校などの団体が作業場を使う際のレンタル料，(3)レッスン収入，(4)同社自らがデザイン・製作した商品の売上である。これらの 4 つの収入のうち，(4)自ら商品を製造・販売することは，ADX 独自の活動であり，同社の経営を支える重要な収入源となっている。

　ADX には 2016 年現在約 200 人の個人会員がおり，会員の中には，趣味としてものをデザインしたり作ったりする人から，ビジネスオーナーまで様々な人が含まれる。ADX では，施設内で使用できる作業場・道具および使用可能な時間帯により，月 75 ドル（8250 円）から月 200 ドル（2 万 2000 円）まで，複数の会員費が設定されている。18 歳未満や 65 歳以上の会員，さらに学生会員（卒業して 1 年以内の人を含む）には約 20% の割引が提供される。会員の中にはビジネスオーナーもおり，そのうちの数人は ADX 内に小さな作業スペースをレンタルしている。これらのビジネスオーナーの中には，自らの工場を持たない人がいる一方で，自らの工場を所有していながら，あえて ADX 内に作業スペースをレンタルする人もいる。その理由の 1 つは，ADX を利用する他の職人と話し合うことを通じて，デザインや製作方法についてより良いソリューションを見つけることができると同時に，自分が得意としない工程を他の職人に依頼できることにある[6]。

　個人会員に加えて，学校が教育目的のため，また，企業が社員研修などの

目的で ADX の作業場をレンタルする場合があり，その場合もレンタル料が支払われる。

　また，ADX はデザインとものづくりのための場所だけではなく，必要とされる知識・スキルを教えるレッスンも提供している。2016 年現在 ADX は，ほぼ毎日 2 つまたは 3 つの授業を提供している。それらのレッスンには，会員のみ参加できるものと非会員も参加できるものとがある。1 回の授業は 3 時間から 4 時間であり，その内容は指輪づくり，溶接技術，木材・金属テーブルづくり，3D プリンタの使い方，デザインの方法など多岐にわたる。授業料は，非会員価格で 230 ドル（2 万 5300 円）かかるデザイン・ベーシック（全 4 回）のようなレッスンもあれば，700 ドル（7 万 7000 円）でテーブルづくりをマスターするレッスン・シリーズのようなものまでまちまちである。会員は割引料金で授業を受けることができる。

　作業の場所や道具，レッスンを提供する点は，米国のほとんどのメーカー・スペースに共通している。しかし ADX は，それに加えて，自らデザイン・製作部門（Fabrication Team）を所有し，顧客の注文に応じて実際に様々な製品をデザイン・製造している。つまり ADX 自体がメーカーとしての役割も担っているのである。ADX のデザイン・製作部門には 4 人のフルタイム従業員がおり，そのうちの 1 人はマネジャーとしてチーム全体の仕事の進捗状況を管理している。ADX のデザイン・製作部門は，請け負う仕事の規模により，その都度フリーまたは独立した職人・デザイナーを雇い入れる。

　ADX のデザイン・製作部門は，これまでにも様々な商品を製造し，様々な規模のプロジェクトを進行させてきた。例えば，ポートランド市のダウンタウンに立地する建築事務所「スタジオ C アーキテクチャ（Studio C Architecture）」の会議室で使われている竹の会議テーブルは，ADX のデザイン・製作部門がデザイン・製造したものである（写真 6-8）。

　また，オレゴン州アストリア市（Astoria）に立地するクラフトビール・メーカー「ブイー・ビール社（Buoy Beer Company）」は，ADX のデザイン・製作部門に対して，ユニークで目立つタップハンドルのデザインと製造を依頼した。タップハンドルは，ビール・サーバーのハンドルであり，それを手前に引くとビールがグラスに注がれる仕組みになっている（写真 6-9）。これ

写真●6-8　スタジオCアーキテクチャの会議室で使われている竹製の会議テーブル

出所：ADX提供。

写真●6-9　パブでタップハンドルを引いてビールを注ぐ店員

注：女性店員が左手で握っているのがタップハンドルである。顧客は興味津々でタップハンドルを眺めている。
出所：筆者撮影。

らのタップハンドルは,パブでよく用いられる。ユニークなタップハンドルは,顧客の目を引き,宣伝効果があるという。ブイー・ビール社からの依頼を受け,ADXは実際に店で使うタップハンドルを製造しただけにとどまらず,そのタップハンドルのミニチュアを多く製造した。そのミニチュアはブイー・ブランドの宣伝のために使われている(写真6-10)。

　ADXのデザイン・製作部門は,外部のクライアントだけではなく,ADX会員からの依頼も受け付ける。例えば自らはデザイナーであり,ものづくりが得意でない会員は,製品の製作をADXのデザイン・製作部門に依頼する

写真●6-10　ブイー・ビール社のタップハンドルのミニチュア

出所:筆者撮影。

ことができる。ADXのデザイン・製作部門は，すでに受注している仕事量が多すぎるなどの理由により仕事を請け負うことができない場合，その仕事をADXの他の会員に紹介することもあるという。

このように，自らデザイン・製作部門を持つことは，ADXに3つのメリットをもたらしている。第1に，ADXの収入源を多様化し，その経営を安定化させている。第2に，デザイン・製作部門が会員と同じ道具を使って製品をデザイン・製造することにより，ADXのメーカー・スペースとしての質が高いことを広く宣伝する役割も担っている。最後に，ADXの会員に製造サービスを提供したり，製造の仕事を他会員に紹介したりすることにより，会員の満足度を高めている。

第2項　ADXの支出

一方，ADXの支出は，ほとんどのメーカー・スペースと同じように，主に4つの費用からなる。すなわち，(1)家賃および(2)道具（部品の交換や維持費を含む），(3)ソフトウェア（デザイン，経理，スケジュール管理などのソフトウェア）のリース料，(4)スタッフの人件費である。(1)家賃および(2)道具(3)ソフトウェアのリース料を大きく削減することは難しい。ADXは「ワーク・トレード（Work Trade）」という制度を導入するとともに，ADX内に作業スペースをレンタルしている職人にレッスン講師を依頼することで，人件費削減の工夫を行っている。

図6-1は，ADXを構成する部門と，各部門ディレクターの主な役割を示したものである。図6-1に示されるように，ADXには(1)施設および(2)マーケティング，(3)メンバーシップ，(4)教育，(5)デザイン・製作の5つの部門がある。2016年3月現在，ADXのフルタイム従業員は，ジェネラル・マネジャーと，これら5つの部門のディレクター，デザイン・製作部門の従業員3人を合わせたわずか9人しかいない。興味深いことに，ADXはパートタイム従業員も雇用していない。すなわちADXの従業員はこの9人のフルタイム従業員のみである。

約1300㎡の施設と200人を超える会員を管理し，さらにデザイン・製作業務を受注するためには，もちろん9人の従業員だけでは足りない。それを

図●6-1 ADXの組織図

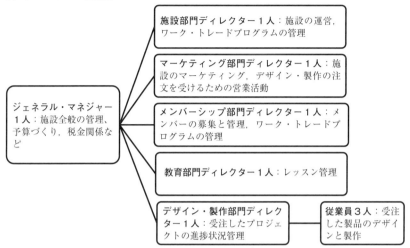

出所：Kat Solis に対する筆者のインタビュー調査による（調査日：2016 年 3 月 28 日）。

補うのが，ワーク・トレードというADX独自の制度である。この制度の下ADXは，メンバーシップ・レプレゼンタティブ（Membership Representative：MR）およびショップ・スチュワード（Shop Steward：ShS）という2種類の無給の従業員を募集している。ADXが彼らに給与を支払うことはない。そのかわりに，彼らの労働時間に応じて会員費を無料にしたり，会員費とレッスン料を割引く制度である。

　MRの仕事は，主にレセプション・デスクでの受付，会員などの質問に対する応答，さらにADX従業員が組織する見学ツアーの手伝いである。ShSの仕事は，主に清掃およびイベント準備の手伝いである。ADXはMRに対し，基本的に週2日・1日4時間の週8時間勤務を要求している。その対価として，彼らMRは，ADXの営業時間内（平日朝9時から夜10時まで，土日朝9時から夜9時まで）に無料で施設を使用することができ，また，レッスンも無料で受講することができる[7]。一方，ADXはShSに対して，基本的に週2日・1日5時間の週10時間勤務を要求している。その対価として彼らShSは，ADXの営業時間内に無料で施設を使用することができ，また，レッスン料の割引を受けることができる[8]。

第6章　ものづくりベンチャーを育てる起業家達：メーカー・スペースADXの事例　　195

ワーク・トレード制度によって，ADX は人件費を節約することができる。それだけでなく，この制度の存在によって，ものづくりに興味があるものの会員費やレッスン料を支払うことができない人や，これから起業を志す人々が，ADX の施設を使用し，レッスンを受講することができるようになっている。このワーク・トレード制度は，ADX の潜在的な顧客をつくり出すことに寄与しているだけでなく，ものづくりベンチャーの誕生と発展にも貢献していると考えられる。

　実際，現在 ADX に所属する9人のフルタイム従業員の多くは，ワーク・トレード制度を利用して，無給の従業員として ADX で働き始めた人々である。例えば，メンバーシップ部門ディレクターのソリスは，大学卒業後カリフォルニア州からポートランド市に移住した当初，大手生命保険会社のカスタマー・サービス部門で働いていた。自分が ADX で働き始めた経緯について，彼女は次のように語っている。

　　大手生命保険会社では，毎日上司が指示した通りのことをこなしていた。上司の指示に従う仕事は，自分の頭を使わないため楽ではあったかもしれない。しかし，その仕事をしている間，自分がものすごく早く歳を取ったように感じた。仕事に自分のキャリアを見出すことはできず，自分が日々進歩している実感もなく，達成感など全く感じなかった。また，大きな会社であるが故に，自分にはその会社の経営に関して全く発言権がなかった。ADX の存在を知った後，生命保険会社の仕事を続けながら，ADX において MR として毎週8時間働くようになった。生命保険会社で週40時間働く傍ら，ADX で8時間も無給で働くことは，とても大変なことのように思われるかもしれない。しかし，自分はその生活をとても幸せなものだと感じていた。なぜならば，ADX では，面白くて，自分にとって刺激となる様々な人々に出会い，また，ADX のレッスンをたくさん受講することにより，木工や金属加工などたくさんのスキルをマスターできたからである。さらに，一 MR に過ぎなかったにもかかわらず，ADX の経営について意見を述べることもでき，実際にその意見が採用されたこともあった。ADX で MR として働いた経験から，中小企業で働く人々，あるいは自ら会社を興す人々がいる理由

がよく分かった。これらの会社では，会社の経営全般を学ぶことができる。これは，大手企業ではなかなか経験できないことである（筆者のインタビュー調査，調査日：2016年3月28日）

　ワーク・トレード制度に加えて ADX は，作業場をレンタルしている職人にレッスンの講師を依頼している。これによって，ADX 側は講師の人件費を削減できる。一方の職人達側はレンタル料，すなわち生産コストを減らすことができる。2016年現在60歳で，職人歴41年のソファ職人であるジョナサン（Jonathan）を例に挙げよう[9]。彼は ADX において作業スペースをレンタルし，顧客の注文を受けてソファを手づくりしたり，アンティークソファを修理したりしている。ジョナサンは，そこで得られた収入により，社会保障で足りない生活費を補い，また，怪我した脚の高額な医療費を払っている。ジョナサンが作り，修理したソファの値段は，約500ドル（5万5000円）から，3600ドル（39万6000円，1880年代のアンティークソファの修理代金）までまちまちである。ジョナサンは広告などを出しておらず，おもに口コミによって自分の製品とサービスを人々に広めている。ソファづくりに必要とされる道具には特殊なものもあり，中にはジョナサン自身が数千ドルも払って購入した高価なものもある。ジョナサンは自らの工場を持っておらず，ADX の作業スペースをレンタルしている。月間レンタル料は510ドル（5万6100円）であるが，ADX のレッスンを担当することで，ジョナサンは現在毎月350ドル（3万8500円）のみを支払えばよいことになっている。少しでもコストを削減したいジョナサンにとって，ADX の講師を担当することは，大きな助けとなっている。

第3項　企業広告

　創業して5年足らず，自らもスタートアップ企業である ADX は，広告を利用しての宣伝を行っていない。しかし，現在の ADX は，ポートランド市内のメーカー・スペースとして一番注目を浴びる存在となっている。それほどまでに ADX による独特な宣伝手法は功を奏していると言えよう。ADX の宣伝は主に2つの方法で行われている。1つ目は，ADX 自身がデザイン・

製作部門を設けていることである。デザイン・製作部門の従業員がADXの設備を用いてデザイン・製造した製品は，ADXの重要な宣伝材料となっている。ADXの2つ目の宣伝手段は，創業者ロイが，ADXおよびポートランド市における優れたものづくりベンチャーの特徴を紹介する本を出版したことである。興味深いことにロイは，この本を出版する際，「クラウド・サプライ（Crowd Supply: https://www.crowdsupply.com）」という起業やものづくりを支援するクラウドファンディングを活用した[10]。ロイは，ものづくりを支援するシステムを自ら積極的に活用することで，ADXを宣伝しようとしているのである。

おわりに

　今日，ポートランド市の都心部に残されている唯一の工業地区であるCEID地区には，多くの中小製造企業・ものづくりベンチャーが立地している。ものづくりベンチャーがビジネスをスタート・発展させる場所としてCEID地区を維持していくことは，ポートランド市の経済を多様化し，また，雇用を安定化させる意味で非常に重要である。

　2000年代以降，全米で広がりを見せるメーカームーブメントの影響の下で，CEID地区においても幾つかのメーカー・スペースが創業した。本章で取り上げたADXは，その代表的な企業である。ADXの革新性および，それが中小製造企業・ものづくりベンチャーの発展に及ぼす影響は，以下の3点にまとめることができる。

　第1に，ADXは公的補助を受けておらず，一般の民間企業として，収入・支出および企業マーケティングにおいて革新的な手法を案出することにより，ビジネスを発展させている。

　第2に，ADXはものづくりに興味を持つ人々に作業の場と道具を提供しているだけではなく，ロールモデルを見つける場や，知識・スキル・情報を交換する場を提供している。ADXのメンバーシップ部門ディレクターのソリスが指摘したように，「新しいアイディアやスキルを持つ人にとって，彼らをバックアップする人々の存在は重要である。ADXは，こうした人々が他の起業家と出会い，また必要なバックアップを得る場所である」[11]。

最後に，ADXは，メーカー・スペースであると同時に，自ら製品をデザイン・製造・販売している。ADXは，このような活動を通じて，米国におけるものづくりの可能性，さらに，中小製造企業・ものづくりベンチャーの発展可能性を世に示している。
　CEID地区の起業家達は，中小製造企業・ものづくりベンチャーの集積という当該地区の特徴を維持し，発展させようとしている。彼らは，中小製造企業・ものづくりベンチャーの発展を可能にするような土地利用規制の策定をポートランド市当局に訴え続けるだけでなく，自ら革新的なビジネスを展開することによって，中小製造企業の発展可能性を世に示すと同時に，ものづくりベンチャーの誕生を促進しようとしているのである。

終　章

都市レジームの変化を目指して

[R]esources must be tapped and efforts made to bring together institutional capacities in different sectors of community life and to coordinate and sustain them.

まちづくりには，コミュニティにかかわる様々な団体の能力が必要である。これらの団体の能力をとりまとめ，目標実現に向けて調整し，さらにそれを維持するために，資源と努力を投下しなければならない。

(Stone, 1989, p.xi)

第1節
ローマは一日にして成らず

今日，地方都市ポートランド市は「人々が住みたい町」としてその名を知られている。序章で説明したように，ポートランド市の世帯年収中央値および1人あたりの年間所得は，近隣のシアトル市やサンフランシスコ市と比べるとはるかに低い。にもかかわらず，ポートランド市は近隣都市以上の人口増加を享受している。また，ポートランド市に新たに移住を試みる人は，リタイアした人だけにとどまらない。Jurjevich & Schrock (2012a) の分析結果からは，25歳から39歳までの大卒以上の学歴を持つ人 (YCE) もまたポートランド市に多く移住していることが明らかになった。ポートランド都市圏におけるYCEが長期的に厳しい労働市場に直面しているにもかかわらず，同都市圏にYCEが転入し続けている (Jurjevich & Schrock, 2012a, b) という興味深い現象にも示されるように，今日のポートランド市は，クオリティ・オブ・ライフが高い地方都市として人気を集めている。YCE達が同市に惹かれるのは，便利な公共交通機関が整備された都市特有の生活環境や起業に適した場が提供されているからである。

本書の第1章から第6章までは，ポートランド市が今日の高いクオリティ・オブ・ライフを作り上げてきたプロセスに関する物語をつづってき

た。その物語の本質は「ローマは一日にして成らず」という言葉に最もよく表れていると言えよう。ポートランド市が「人々が住みたい町」を作り上げるまでには，長い年月がかかった。また，その途中では大きな失敗も経験した。

1960年代終盤まで，ポートランド市当局は，他の米国都市の政治家・官僚と同じように，連邦政府が推進した高速道路建設とアーバンリニューアル事業を積極的に実施することで，雇用創出と経済発展を図ろうとした。つまり同市は，他の多くの米国都市と同じように「成長マシン」であった。また，具体的な事業計画の策定に当たって市当局が頼ったのは，同市から遠く離れたニューヨーク市の公共事業専門家ロバート・モーゼスであった。しかし皮肉なことに，モーゼスが作成した計画通りに同市の都心部を環状高速道路で囲み，また，連邦政府が推進するアーバンリニューアル事業を実施したにもかかわらず，第二次世界大戦後から1970年代初めまで，ポートランド都心部における人口と小売業の売上は減少の一途をたどった。それだけではなく，同市都心部の大気汚染は深刻化した。1960年代のポートランド市は，決して人々が積極的に移住しようとするような都市ではなかった。

1972年ダウンタウン・プランの策定と実施は，ポートランド市のまちづくりにとってターニングポイントであった。同計画では，ポートランド市の心臓部であるダウンタウンのまちづくりに関して「郊外に住む人々が車で訪れやすい場所をつくる」という従来の目標が改められた。「人々が住みたくなり，歩きたくなるような場所をつくる」という新しい目標が打ち出されたのである。その後，ダウンタウン・プランの実施には，10数年という長い年月がかかることになる。この10数年の間に，トランジット・モールの建設や高速道路ハーバードライブの撤去，歴史的建造物の保存と再利用，公共広場パイオニア・コートハウス・スクエアの建設など，数多くの事業が実施された。このように，1980年代ポートランド市のダウンタウンが経験した「再生」の2文字は，1つや2つのコア施設の建設によってもたらされたものではない。総合計画「1972年ダウンタウン・プラン」で定められた目標に沿って実施された数多くの事業によって複合的にもたらされた結果なのである。

ポートランド市のダウンタウンが歴史・文化・商業の中心として再生を遂

げると，今度はそのことが，ダウンタウンの周辺地区に対する民間企業の投資意欲を喚起した。そして，ダウンタウン周辺地区における中小企業の発展に向けて，より良い環境を作り出した。

　このように，ポートランド市が「人々が住みたい町」へと作り変えられるまでには，約30年という長い年月がかかった。また，そのプロセスは漸進的なものであった。まちづくりプロセスにおいて市当局は，単独の大規模公共事業によって町の激変を求めることをしなかった。むしろ，1つの小さな成功によって次の成功を誘発するというアプローチを採用した。これは，1970年代以降ポートランド市のまちづくりに見られた大きな特徴である。小さい成功の積み重ねにより，ポートランド市の街並みや交通システムという目に見える形の変化が生じたのみならず，市民および同市に立地する企業が同市の将来に対する自信を取り戻した。結果として，市当局と市民，企業間の協力関係が強化されることにつながったのである。

第2節
都市レジームの変化
まちづくり変革のキーファクター

　第1章から第6章までで語られたポートランド市のまちづくりの経緯から分かるように，1972年ダウンタウン・プランの制定と実施によって，同市のまちづくり目標と手法は大きく変化した。ではなぜ，1970年代のポートランド市は，同市の心臓部であるダウンタウンのまちづくり目標と手法を変化させることができたのだろうか。図終-1は，そうした変化をもたらした要因を図示したものである。この図に示されるように，変化をもたらした要因は，大きく2つに分類することができる。すなわち，同市外部の要因と同市内部の要因である。外部要因としては，1960年代全米で広がりを見せた多様な社会運動の影響が挙げられる。内部要因としては，1970年代に生じた市議会の世代交代および，新世代の市会議員による新しい都市レジームの構築が挙げられる。以下では，これらの外部要因と内部要因について詳しく説明していく。

図●終-1　1970年代ポートランド市ダウンタウンのまちづくり目標と手法に変化をもたらした要因

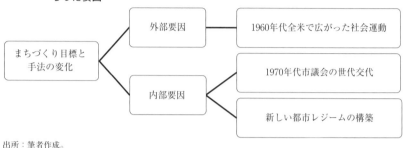

出所：筆者作成。

第1項　外部要因

　ポートランド市のまちづくりに変化をもたらした外部要因としては，1960年代全米で広がりを見せた，環境保護運動をはじめとする様々な社会運動が挙げられる。これらの社会運動は，ポートランド市におけるまちづくりの変革に3つの影響を及ぼした。

　第1に，革新派の政治家と専門職業人を育てた。ニール・ゴールドシュミット市長をはじめ，1970年代ポートランド市に登場した新しい世代の市会議員達および彼らの主要な支持者であった新世代の専門職業人の多くは，1960年代全米で広がった様々な社会運動に強く影響され，またはそれらの運動に積極的に参加した経験を持っていた。そうした経験を持つ彼らは，同市における前世代の政治家達および彼らが頼っていたモーゼスのような外部の専門家とは異なり，経済成長一辺倒の政策が都市環境にもたらす悪影響をはっきりと認識していた。それが故に彼らは，自然環境および都市生活環境の保護を重要視した。

　第2に，社会運動の影響により，同市の一般市民もまた，ダウンタウンの深刻な大気汚染が健康に及ぼす影響についてはっきりと認識するようになった。このことは，1970年代，ダウンタウンのまちづくり目標と手法を改める際に，市民から大きな支持を集めることに貢献した。

　第3に，1960年代の環境保護運動の影響の下で制定された国家環境政策法や都市公共交通補助法，1973年連邦補助高速道路法などの連邦法は，後

にポートランド市において行われた公共交通の整備に重要な財源を提供した。

上述のように，1960年代全米で広がった多様な社会運動は，1970年代ポートランド市が取り組んだ新しいまちづくりに対して，リーダーと世論の支持，連邦政府による財政支援を提供することにつながったのである。

1960年代米国社会の変化は，米国のほとんどの都市が経験したものである。しかし，そうした社会変化をうけて，まちづくり目標と手法を変化させた都市はそれほど多くない。ポートランド市における変革の実現には，上述のような外部要因だけではなく，同市の内部要因もまた大きな役割を果たした。それらの内部要因とは，(1) 1970年代初頭に同市で生じた市議会の世代交代と(2)新世代の市会議員による新しい都市レジームの構築である。以下では，これら2つの内部要因について説明する。

第2項　内部要因その1：1970年代市議会の世代交代

第1章で説明したように，ポートランド市は，近隣のサンフランシスコ市と比べて人種の多様性が低く，市民運動がそれほど活発ではない1地方都市である。こうしたポートランド市がまちづくり目標と手法を変化させる際，新世代の政治家達が大きなリーダーシップを発揮した。1970年代にポートランド市のダウンタウンが取り組むことになった新しいまちづくりは，ボトムアップというより，トップダウンの形で行われたと言える。

1960年代終盤まで，ポートランド市ダウンタウンのまちづくり目標は，「郊外に住む人々が車で訪れやすい場所をつくる」というものであった。また，この目標を実現するための手段は「郊外の真似をする」というものであった。具体的には「ダウンタウンを囲む高速道路をつくり，ダウンタウンの歴史的住区と建造物を取り壊してオフィスビルや駐車場をつくる」という手段が採用された。一方，1970年代同市の市政に登場した新世代の政治家達は，ダウンタウンのまちづくり目標を「人々が住みたくなり，歩きたくなる場所をつくる」ことへと一変させた。また，その実現のために「郊外との差別化を図り，都心特有の価値を提供する」ことを目指した。具体的には「公共交通を整備し，快適な歩行環境をつくり，ダウンタウンの歴史的建造物を保存し

て再利用する」という新しい手法を取り入れた。それではなぜ，ポートランド市の新世代の政治家達は，それまで同市が採用してきたものとは大きく異なるまちづくり目標と手法を打ち出すことができたのだろうか。この問いに対する答えは，彼ら新世代の政治家達の経歴と深くかかわっている。

　1970年代初頭，ポートランド市議会では世代交代が一気に進んだ。30代前半のニール・ゴールドシュミット市長をはじめ，革新派かつ新世代の市会議員が5つの市議ポストのうち4つを占めるようになった。彼ら新世代の政治家達は，年齢が若いだけでなく，旧世代のポートランド市会議員達と以下の3点で異なっていた。

　第1に，新しい世代の市会議員は，1960年代の社会運動から影響を受け，あるいは実際にそれらの運動に参加した経験を持つなど，社会変革の流れに対して肯定的・積極的であった。

　第2に，旧世代の市会議員にはビジネスマンや労働組合の出身者が多かったが，新しい世代の市会議員の前職は，弁護士や都市計画者，ジャーナリストなどの専門職業人であった。

　第3に，旧世代のポートランド市会議員の支持基盤がダウンタウンの不動産所有者や大手企業であったのに対し，新世代の市会議員の支持基盤は，ダウンタウン周辺の伝統的住区の住民および，議員らと同じような経験を持つ新世代の都市計画者や建築家などの専門職業人であった。

　以上の特徴に加えて，新しい世代の市会議員達の多くは，市会議員になる前に市当局の官僚経験がなかった。であるが故に，新世代の市会議員達は，1960年代終盤まで同市ダウンタウンのまちづくりが経験してきた失敗を真正面から見据えることができた。ダウンタウンを囲むような高速道路を作り，伝統的住区と歴史的建造物を取り壊し，更地を民間の大手企業に売却するようなまちづくりの方法は，ダウンタウンの経済振興に寄与しなかったばかりか，深刻な大気汚染を引き起こした。新世代の市会議員達は，こうした失敗から得られた知識と知恵を，まちづくりの新しい目標と手法を案出する際に大いに活用した。過去の失敗を直視していたからこそ，ポートランド市の新世代の政治家達は，たとえ潤沢な連邦補助金が提供されるものであったとしても，同じような失敗を繰り返すだけの事業を再び実施しようとはしなかっ

た。以下で詳しく説明するが，過去の失敗をありのままの形で見据えたことは，新しいまちづくり目標と手法を案出する上で，非常に重要な役割を果たした。と同時に，新しいまちづくりに関する合意を形成する際にも大きく役立った。

革新派の政治家が新たに政権を握ると，全く新しいまちづくり目標が打ち出されることはよくある。しかし，そうして打ち出された新たな目標が利害関係者達によって受け入れられ，具体的な実施にまで至るケースは多くない。1970年代，ポートランド市の新世代の政治家達は，自らが打ち出したまちづくり目標を実現するために，新しい都市レジームを構築した。この都市レジームこそ，1970年代以降ポートランド市のまちづくりが成功を収めるためのキーファクターとなった。以下では，1970年代ポートランド市において見られた都市レジームの変化について説明する。

第3項　内部要因その2：新しい都市レジームの構築

序章で説明したように，Stone（1989）は，都市レジームを「都市の公的機関と私的関係者が，共同で都市政策を決定し，実施するために形成するインフォーマルな協力体制」と定義している（Stone, 1989, p.179）。また，特定都市のレジームの特徴を明らかにするためには，3つの要素を分析する必要があると指摘している（Stone, 1989）。すなわち(1)都市レジームにかかわる主要アクター(2)アクター間の協力関係，(3)政策の意思決定とその実施に関する都市レジームの能力（capacity）である。Stone（1989）の指摘に依拠してポートランド市の都市レジームを分析すると，1970年代を境に，上記の3要素すべてが大きく変化したことが分かる。

図終-2は，1960年代終盤までのポートランド市の都市レジームを図示したものである。この図に示されるように，19世紀に都市が形成されて以降1960年代終盤に至るまでの長い間，ポートランド市における都市レジームの主要なアクターは，市会議員に代表される政治家および，大手小売企業をはじめとするダウンタウンの大手企業であった（MacColl, 1976; MacColl & Stein, 1988）。また，意思決定には必ずしも参加しなかったが，ロバート・モーゼスのような外部の専門家が，都市レジームにかかわる主要メンバーに対し

図●終-2 1960年代終盤までのポートランド市の都市レジーム

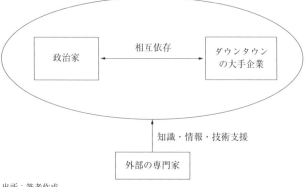

出所：筆者作成。

て知識や情報，技術を提供していた。一方，ダウンタウンおよびその周辺住区の住民達やコミュニティ組織は，重要な利害関係者であったにもかかわらず，都市レジームの主要なアクターではなかった。

政治家と大手企業連合というアクターのみで構成される都市レジームは，ポートランド市のみならず，多くの米国都市において一般的に見られるものであった（Stone, 1989）。オレゴン州の商業の中心として発展してきたポートランド市にとって，ダウンタウンは同市の心臓部であった。そこに立地する大手企業とりわけ大手小売企業は大地主であり，また，土地以外にも豊富な経営資源を有していた。ポートランド市の政治家にとって，選挙運動の際にはダウンタウン大手企業からの支持が不可欠であった。一方，ダウンタウンの大手企業にとって，自分達の支持によって当選した政治家が「成長マシン」を推進することでもたらされる地価の上昇は自らの利益につながった（Molotch, 1976）。こうした政治家とダウンタウン大手企業の相互依存関係は，両者の協力関係の基礎を成すものであった。

まちづくり政策および事業計画の策定プロセスにおいて，これら政治家と大手企業連合が採用したのは，両者がまちづくり目標を設定し，そのための事業計画の作成を外部の専門家に依頼し，連邦政府が提示する「モデル事業」を積極的に推進するという方法であった。第1章で説明した環状高速道路建設およびサウスオーディトリアム・アーバンリニューアル事業は，このよう

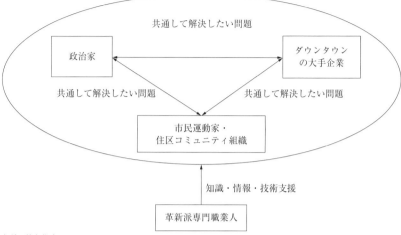

図●終-3 1970年代におけるポートランド市の新しい都市レジーム

出所：筆者作成。

な計画手法を端的に表すものである。こうして策定されたまちづくり計画には，都心部とその周辺に住む生活者の視点が欠けていた。結果としてダウンタウンにおける住民と歩行者の数は減少し続け，ダウンタウンの経済は一層衰退した。このように，政治家とダウンタウンの大手企業連合から成る都市レジームは，利害の異なる関係者がかかわる都心部の複雑な問題に対応することができなかった。その意味で，こうした都市レジームの能力は決して高いものではなかった。

図 終-3 は，1970年代におけるポートランド市の都市レジームを図示したものである。ダウンタウンの大手企業はこの時代も同市の大地主であり，また最も豊富な経営資源を有する利害関係者であった。そのため，1970年代においても彼らは依然として同市の都市レジームにかかわる主要アクターであった。一方，1970年代に入り革新派かつ新世代の政治家達が政権を握ると，彼らは自らの支持基盤である市民運動家・住区コミュニティ組織を都市レジーム内に取り込んだ。また，都市レジームの主要アクターに知識や情報，技術を提供する機関として，CH2M社やデリュー・キャザー社など，革新的な専門職業人が多く所属するコンサルティング会社にも協力をあおぐよう

になった。

　1970年代に形成されたポートランド市の新しい都市レジームでは，古い都市レジームと比較すると，主要アクター間において協力関係を築くことが難しくなった。というのも，政治家とダウンタウン大手企業との間の相互依存関係がかつてより弱まったからである。それ以外にも，以下の2つの理由が存在した。第1に，市民運動家・住区コミュニティ組織とダウンタウン大手企業との間では，そもそも利害が対立するケースが多かった（Abbott, 2000）。第2に，1950年代から1960年代にかけて実施された高速道路建設事業やサウスオーディトリアム・アーバンリニューアル事業によって，ダウンタウン大手企業に対する市民運動家・住区コミュニティ組織の不信感が高まっていた。

　大手企業と市民との間に協力関係を築くことは，確かに容易な作業ではなかった。ところが，1972年ダウンタウン・プランの制定とその実施に関するプロセスを見ると，ポートランド市の新世代の政治家達が，両者間の協力関係構築に成功したことが分かる。こうした協力関係の構築は，1970年代ポートランド市のまちづくりが変化を遂げる上で極めて重要な役割を果たした。ポートランド市の新世代の政治家達が協力関係構築のために実施した手法について分析すると，以下の4つの特徴が浮かび上がる。

　第1に，新しい都市レジームが取り組むべき最初の課題として，大手企業と住民が共通して大きな不満を感じており，両者いずれもが緊急に解決したいと願う問題を取り上げた。この問題とは，ダウンタウンにおける交通渋滞の解消であった。大手企業と住民の双方が解決すべき問題として認識していた課題について検討するプロセスにおいて，両者は自発的に対話と交渉に参加し，互いに協力するための基礎を築いた。

　第2に，1960年代終盤までにダウンタウンのまちづくりが経験した失敗を真正面から見据え，大手企業を説得する際の根拠としてその失敗経験を活用した。1960年代終盤までのダウンタウンのまちづくりが失敗に終わったことは，大手企業の目から見ても明らかであった。ポートランド市の新世代の政治家達は，この失敗を根拠に，ダウンタウンとその周辺に住民と歩行者を呼び戻さない限りダウンタウンの地盤沈下に歯止めをかけることができな

いと大手企業を説得した。明確な根拠を示したこうした説得により，大手企業は市民の意見に耳を傾けるようになった。

　第3に，政策と事業計画の策定プロセスにおいて，町の現状に関して徹底的な調査を行い，その調査結果を都市レジームの主要なアクターと共有した。例えば，1972年ダウンタウン・プランの制定や，1970年代CEID地区のまちづくりにおいて，市当局は既存の建物の状況や交通状況などについて，時間をかけて詳細な調査を実施した。また，調査結果を利害関係者に積極的に公開した。こうした徹底的な調査と情報共有を重視したことで，都市レジームの主要なアクター達は共通するデータに基づいて議論を進めることができた。結果的に，地区の状況に適した，総合性と実行可能性の高い政策が生まれたのである。

　第4に，政治家達は1つあるいは2つの大型事業によってダウンタウンを劇的に変えることを目指さなかった。むしろ，1つの小さい成功が次の成功を導くという漸進的なアプローチをとった。例えば，1970年代ポートランド市の政治家達は，まずダウンタウンが抱える問題のみに焦点を当て，それらの問題の中でも，まずは交通渋滞の解消のみに取り組んだ。トランジット・モールの整備が成功を収めると，ダウンタウンの大手企業や市民達の間で，ダウンタウンの将来や都市レジームの問題解決能力に対する信頼が高まった。こうした小さい成功の積み重ねによって，主要なアクター間において信頼関係が醸成された。また，利害の異なる者同士がどのように対話すべきかという点についても知識とノウハウが蓄積された。

　このように，1970年代ポートランド市に見られたまちづくり目標と手法の変化は，外部要因と内部要因とによって複合的にもたらされたものである。中でも，新世代の政治家達による新しい都市レジームの構築は，変革を成し遂げる上で非常に重要な役割を果たした。

　ポートランド市のまちづくりの経験にも示されるように，都市のまちづくりには多くの失敗がともなう。しかし，まちづくりプロセスにおいて重要なのは，同じような失敗を二度と繰り返さないことである。過去の失敗を直視し，そこから得られる知識と知恵を未来のまちづくりに活用する必要がある。

　市民がまちづくりプロセスに参加することもまた，まちづくりの成功に不

可欠な要素である。しかし，市民を都市レジームの主要アクターに加えるだけでは，真の意味での市民参加型まちづくりは実現しない。Agranoff & McGuire（2003）が指摘したように，都市レジームにかかわる主要アクター間の協力関係は，自然に形成されるものではなく，努力して構築しなければならないものである。形式的な市民参加型まちづくり組織を作ること以上に，地方自治体政府や企業，市民間で実質的な協力関係を作り上げ，それを維持することの方がはるかに重要であり，はるかに難しい。しかし，ポートランド市はこの難しいタスクを見事にやってのけた。1970年代以降のポートランド市におけるまちづくりの経験は，この点をはっきりと示している。

第3節
日本の地方都市への示唆

　人々の移住先に関する選好が多様化するという現象は，米国のみならず，今日の日本でも見られる。若者をはじめ，東京などの大都市から地方都市へと移住する人が増加している。日本では「地方消滅」が叫ばれて久しいが，実のところ，地方都市には多様な再活性化の機会が存在するのである。企業誘致以外にも，質の高い学校や，安い家賃など起業しやすい環境，保護されている自然，透明性の高い市政など，地方都市が再活性化を図るための手がかりは多様に存在する。

　ポートランド市の事例が示すように，地方都市の再活性化において重要なのは以下の4点である。すなわち，⑴小さい成功を積み重ねること，⑵過去の失敗を直視すること，⑶戦略思考を持つこと，⑷合意構築の努力を惜しまないことの4つである。

　2000年代以降，日本においても「都市のコンパクト・シティ化」が提唱されるようになった。こうしたコンセプトに基づき，巨額の公的資金を投じて地方都市の都心部に複合施設が次々と建設された。この最たる例は，青森県青森市に建設された複合商業施設「アウガ」である。アウガは開業後すぐに赤字に転落し，結果としてこの事業は失敗に終わった。アウガの失敗は，コンパクト・シティというコンセプトそのものが日本の地方都市に適さないということを示すものではない。失敗の理由は以下の2点にあると考えられ

る。

　第1に，単独の大型事業で中心市街地の劇的な変化を促すといった従来のまちづくりの考え方が継承されていた点が挙げられる。地方都市の中心市街地の地盤沈下は，長い年月をかけて徐々に深刻化したものであり，その原因は，住宅，交通，産業など多岐にわたる。こうした中心市街地の衰退をもたらした多様な問題を，1つや2つの大型事業によって解決することなどそもそも不可能である。問題解決のためには，小さい事業の実施と成功の積み重ねが必要である。

　第2に，中心市街地が「どのような人に」，「どのような価値を」，「どのように提供するか」という点に関して戦略的な思考が欠如しており，利害関係者間の合意を構築するための努力が十分に行われなかった。まちづくりにおける戦略思考と合意構築は具体的に次のような活動によって実現されるものである。すなわち，過去の失敗経験や町の現状を徹底的に調査し，その調査結果を市民および企業と共有する。こうした調査結果をたたき台として，彼ら利害関係者を巻き込んで徹底的に議論を行い，妥協点のすりあわせを行う。しかし，アウガの事業計画プロセスにおいて，これらの活動が行われた形跡は見当たらない。徹底的な調査による裏付けがなく，潜在的な住民・消費者，立地する企業の参加がないままに作成された計画は，町の現状に適したものとはなりえない。こうした計画が総合性と合理性の高いものとなるはずがない。

　青森市の失敗は，コンパクト・シティというコンセプトを導入したことで初めて引き起こされたものではない。むしろ，地方都市におけるまちづくりがこれまで繰り返してきた数々の失敗と同種のものである。過去の失敗経験を分析することは，時間の無駄でもなければ，後ろ向きの思考の現れでもない。むしろそうした振り返りこそが，まちづくりを成功へと導く第一歩である。過去の失敗に目をつぶることは，失敗の経験から得られるはずの知識と知恵を失うことのみにとどまらない。自分達の町に対する自信や，自治体のまちづくり能力に対する信頼，まちづくりに参加・協力する意欲を，市民達から奪うことにもつながるのである。

　かつて青森市のアウガに全国各地から視察者・見学者が殺到した（木下，

2015）のと同じように，今日，日本の地方自治体関係者がポートランド市に視察に出かけるケースが増えている。ポートランド市における市民参加型まちづくりのための組織や，そのコンパクトな町並みの現状をまるでスナップ写真のように見学し，それを真似るだけでは，これまでの失敗を繰り返すだけである。ポートランド市の街並みを模倣するべく，中央省庁からの補助金を得て，幾つかの施設やパブリックアートを作ることはできるかもしれない。しかし，そうした施設やパブリックアートによって，郊外に流出した人口や小売・サービス店を都市に呼び戻すことができるとは到底思えない。それどころか，こうした施設の存在は，結局また自治体の財政を圧迫するものとなりかねない。

　ポートランド市の事例から学ぶ意味は，現状として出来上がった市民参加型まちづくりのための組織や公共交通システム，街並みを模倣することにあるのではない。むしろ学ぶべきなのは，その背後にある失敗直視・戦略思考という姿勢や，利害関係者間の協力関係を構築するための手法，1つの小さな成功を次の成功へとつなげていくようなアプローチであると考えられる。

あとがき

　町は変化するものであり，まちづくりとは町に今ある問題と新たに生じる問題を解決し続けるプロセスである。このことは，本書で描かれたポートランド市のまちづくりの物語にもはっきりと示されている。実際，「人々が住みたい町」として注目されている現在も，ポートランド市はまた新たな課題に直面している。それは，同市においてホームレスが急増しているという問題である。

　2015 年 9 月，ポートランド市長チャーリー・ヘイルズ（Charlie Hales）は，ポートランド市「住宅・ホームレス非常事態（State of Emergency on Housing and Homelessness）」を宣言する旨の動議を市議会に提出した。翌 10 月，市議会は満場一致でこの動議を可決した。ポートランド市議会は，この非常事態宣言により，都市計画法からの制約を受けずにホームレス収容施設を建設するなど，ホームレスの問題に迅速に対応しようとしている。優れた都市計画によって「人々が住みたい町」をつくり上げたはずのポートランド市において「住宅・ホームレス非常事態」宣言が出されたという事実は，同市におけるホームレス問題の深刻さを物語っている。

　ポートランド住宅局によると，2015 年，ポートランド市の総人口約 63 万人のうち約 4000 人がホームレスであるという。その中には子供のいる家族も含まれる。また，ホームレスを収容するための施設が不足しているため，4000 人のうち約 1800 人は野宿を余儀なくされていることが NBC 傘下のテレビ局 KGW の報道によって明らかになっている。ポートランド市最大の地元紙 *The Oregonian* の 2015 年 1 月 18 日付の記事によると，2007 年から 2014 年にかけて全米のホームレス人口は 11% 減少したが，同時期ポートランドのそれは微増したという。2016 年の 8 月に筆者がポートランド市ダウンタウンを訪れたところ，その北部にあるチャイナタウンの入り口は，すでにホームレス達の臨時収容施設となっていた。また夕方には，若い女性を含

215

めた数多くのホームレス達が，寝る場所を求めて収容施設に殺到する情景を目にした。

　ポートランド市のホームレスを急増させた要因の1つは，急激な人口の増加である。人口の増加によって住宅に対する需要が高まり，結果として家賃や住宅価格が急騰した。セントルイス連邦準備銀行が公開しているデータによると，1990年から2015年にかけて，住宅価格（house/home price）増加率の全米平均が117.4%であったのに対して，ポートランド市の増加率は238.0%にまで達し，全米平均の倍以上であった。ポートランド市の住宅価格増加率は，全米大都市の中でも高い増加率を誇る近隣のシアトル市（175.1%）やサンフランシスコ市（187.2%）をもはるかに上回っていた。住宅価格の高騰に加えて，近年ポートランド市において失業者が増加していることもまたホームレスの増加に拍車をかけているとポートランド住宅局は分析している。

　多くの地方都市が人口減少に悩まされている現在，ポートランド市の事例は，過度な人口増加もまた地方都市に深刻な問題をもたらすことを示している。人口の増加が地域のクオリティ・オブ・ライフを低下させる可能性があることは，早くも1970年代，当時オレゴン州知事であったトム・マッコールによってはっきりと認識されていた。トム・マッコールの自伝には，次のようなエピソードが記されている。1971年，当時オレゴン州知事であったマッコールは，ポートランド・シヴィック・オーディトリアムに集まった全米青年商工会議所の会員に向けて，次のような発言をして大きな話題を呼んだ。「オレゴン州に何度でも旅行に来てください。私達の州は皆さんに感動を与えることができる州です。しかし，オレゴン州には決して移住しないでください」（McCall & Neal, 1977, p.190）。マッコールは，米国のほとんどの地方自治体が人口増を目指して知恵を絞っていた時代，過度な人口増加が環境に大きな負担をかけ，結果として地域のクオリティ・オブ・ライフが損なわれるとの考えを世に示したのである。先見の明があったと言えよう。

　Jurjevich & Schrock（2012a）は，近年ポートランド市が抱えている問題を「クオリティ・オブ・ライフ・パラドックス（the amenity paradox）」という言葉で表現した。クオリティ・オブ・ライフ・パラドックスとは，「都市の

優れたクオリティ・オブ・ライフは人々をその都市へと惹きつけるが、その一方、人口の増加により、経済発展を実現しなければならないという都市に対するプレッシャーが高まり、このことがかえって都市のクオリティ・オブ・ライフを低下させる可能性がある」(Jurjevich & Schrock, 2012a, p.14) という問題である。

　ポートランド市当局は、新たに直面するホームレスの問題をどのように解決しようとしているのだろうか。問題の解決策を見出すにあたって、ポートランド市当局はこれまでと同様の手法を用いようとしている。すなわち、市民を含めた幅広い人々に問題の状況および原因に関する情報を積極的に公開し、彼らの知識と知恵をフル活用して、一致協力して解決策を模索しようとしているのである。こうした市当局の問題解決姿勢を端的に示す例を紹介しよう。2016年11月、同市で開催された米国都市計画学会（The Association of Collegiate Schools of Planning: ACSP）第56回年次大会において、主催校であるポートランド州立大学は、「ポートランド市の住宅危機（Housing SOS? Can Anybody Hear Me?）」と題する特別セッションを設けた。このセッションでは、ポートランド住宅局の職員やポートランド州立大学の研究者、ポートランド市においてホームレスに住宅サービスを提供している非営利団体の役員に加えて、ホームレスを実際に経験した人もまた討論に参加していた。多様な立場の人々が一堂に集まり、同市の住宅問題の深刻さとその解決策について率直な意見を交わしあったのである。ポートランド州立大学はさらに「ホームレスの問題とイノベーティブな解決案の模索（Homeless Struggle and Innovations）」というツアー・移動ワークショップの実施を同年次大会において企画した。このツアー・移動ワークショップは、ポートランド市のホームレスの現場を実際に視察すると同時に、ホームレスとなった人々、さらに彼らにサービスを提供する様々な団体のスタッフ達から直接経験を聞き、ディスカッションを行うというものであった。このようにポートランド市は、都市が抱えている問題を、市民および外部の人々に積極的に公開している。開かれた市政によって、幅広い人々の知識と知恵を活用しようとしているのである。

　Bradbury *et al.*（1982）が指摘したように、「都市とは、人間が発明した数々

のモノの中で最も複雑なモノである」(Bradbury *et al.*, 1982, p.178)。その複雑さゆえに，都市のまちづくりには，都市にかかわる様々な個人と団体の知識と知恵が不可欠である。情報公開を積極的に行い，開かれた市政を確立して初めて，総合性・合理性・実行可能性の高い政策が生まれる。さらに言えば，開かれた市政それ自体もまた，都市のクオリティ・オブ・ライフの重要な要素となりうる。問題を直視し，情報公開を積極的に行い，透明性の高い開かれた市政を実現しようとするポートランド市の努力にこそ，私達は大いに学ぶべきである。

2017 年 2 月
大学の研究室にて　著者

注釈

序章
1 アメリカには、ポートランドという名前を持つ大都市が2つ存在する。すなわち、オレゴン州ポートランド市とメイン州（Maine）ポートランド市である。本書で言及するポートランド市またはポートランド都市圏は、オレゴン州ポートランド市またはオレゴン州ポートランド都市圏のことを指す。
2 シアトル都市圏には、シアトル市が立地するキング郡（King County）およびスノホミッシュ郡（Snohomish County）、ピアース郡（Pierce County）という3つの郡が含まれる。
3 2010年から2014年までの平均値を2014年ドルに調整した数値である。U.S. Census QuickFactsによる。
4 同上。
5 Jurjevich & Schrock（2012a, b）の調査結果は、コンサルティング会社のレポートや、米国の主要な全国紙 *New York Times* に取り上げられた。
6 純転入率は、100 ×（転入人数 − 転出人数）/（転入人数 + 転出人数）として計算された。
7 ポートランド都市圏の範囲については、第1章を参照されたい。
8 パートタイム労働者は、週労働時間が35時間未満の労働者である。
9 論文が発表された時点における所属である。
10 NLSYは、米国労働統計局（U.S. Bureau of Labor Statistics）が実施している調査である。同調査は、1979年に14-22歳であった米国民6000人を抽出し、彼らに対して、1979-1994年の間は毎年、1994年以降は2年に1度インタビュー調査を実施している。Kodrzycki（2001）は1979-96年のNLSYデータを利用した。
11 アーニー・ボナーは、1932年アイオワ州ローガン市（City of Logan）に生まれた。コーネル大学で都市計画の修士号を取得した後、オハイオ州クリーブランド市（City of Cleveland）都市計画局のチーフプランナーを務めた。その後、ポートランド市都市計画局長にスカウトされ、1973年から1978年まで同職にあった。局長退任後は、ポートランド都市圏の管理機関であるメトロ（Metro）の評議員や、ボネビル湖電力管理局（Bonneville Power Administration: BPA）の管理職などを務めた。

第1章
1 Hammond, Betsy (2009, Jan. 18), "White in the Face of Change," *The Oregonian*, January 18, 2009, p. a1. 本書で引用する *The Oregonian* 紙記事の頁番号は、マルトノマ郡図書館に所蔵されている同紙データベースの記載による。実際の紙面の頁番号とは一致しないことがある。以下同。
2 財団法人自治体国際化協会ニューヨーク事務所（2008）による定義である。
3 Slovic, Beth (2012, Apr. 19), "Ballots Remain a Boys Club," *The Oregonian*, April 19, 2012, Section: Local News.
4 時代の移り変わりとともに、米国における各都市圏の範囲は変化しており、ポートランド都市圏の範囲も何度か変更されてきた。本節で示すポートランド都市圏の範囲は、2014年現在のものである。

5 ポートランド大都市圏にあるワシントン郡はオレゴン州内にあり，ワシントン州とは異なる場所にある．
6 ハーバードライブの建設費の 70% はオレゴン州高速道路委員会（Oregon State Highway Commission）が負担し，残りはポートランド市が負担した（Lansing, 2005）．
7 1940 年ポートランド都市圏の人口は 45 万人であり，そのうちポートランド市の人口は 30 万 5000 人，バンクーバー市の人口は 1 万 7000 人であった（PAPDC, 1944a）．
8 実際，造船所に関する PAPDC の予想は的中した．終戦後，ポートランド都市圏にあるカイザーの 3 つの造船所はすべて閉鎖された．
9 他の 3 つの事業は，(1)「主要都市施設整備事業（Major Municipal Improvements）」，すなわちポートランド市の下水処理システムを建設したり，学校・空港を拡大したりする事業，および (2)「小規模都市施設整備事業（Municipal Improvements by Small Contract and Hire and Labor）」，すなわちシヴィック・センターや公共施設，駅を修繕したり，公園を拡大したり，市内の道路を修繕・拡幅したりする事業，(3)「周辺地域整備事業（Major Projects Within Commuting Distance of Portland）」，すなわちポートランド都市圏におけるポートランド市以外の地区において高速道路を建設したり植林を行ったりする事業であった（Moses, 1943）．
10 Streckert, Joe (2015, Aug. 5), "How We Got Here: There's a Reason Portland Suffers from High Rents and Lack of Housing... We Planned It That Way," *The Portland Mercury*, August 5, 2015. http://www.portlandmercury.com/portland/how-we-got-here/Content?oid=16195460 からダウンロード（最終アクセス日：2017 年 2 月 15 日）．
11 これ以前の 1951 年，ポートランド市議会は，市内の 3 つの地区をアーバンリニューアル事業の候補地に選定し，連邦政府からの補助金を取得して同 3 地区に関する調査を開始した．これらの 3 つの地区とは，(1) ダウンタウン北西部に位置するヴォーン・ストリート（Vaughn Street）を中心とする地区と (2) ダウンタウン南部に位置するサウス・ポートランド地区，(3) ウィラメット川の東岸に位置するウエスト・オブ・ラッド・アディション地区（West of Ladd's Addition）であった．1951 年 9 月，ポートランド市議会は，(1) ヴォーン・ストリート地区を事業の実施地域に決定し，同地区に公共住宅を建設する計画を発表した．ところが 1952 年 11 月，事業費の自治体負担分を調達するために市債を発行する趣旨の市憲章改正案を有権者投票にかけたところ，賛成 7 万 6244 票，反対 9 万 4547 票で否決されてしまった（City Club of Portland (Portland, Or.), 1971）．市民はアーバンリニューアル事業に賛成していないばかりか，公共住宅の建設にも反対していたのである（City Club of Portland (Portland, Or.), 1971）．その後，市の一般会計から事業費の 3 分の 1 を供出するとの法案も市議会で否決されたため，(1) ヴォーン・ストリート地区におけるアーバンリニューアル事業は実施されないままに終焉した（City Club of Portland (Portland, Or.), 1971）．
12 TIF は 1952 年にカリフォルニア州においてはじめて用いられた手法である．オレゴン州では 1960 年以降認められるようになった（州法第 457 章）．サウスオーディトリアム・アーバンリニューアル事業において，ポートランド市は，当該事業による財産税増収分を担保とした債券を発行して資金を調達し，実際の財産税増収分によってそれを償還した．
13 Oliver, Gordon (1988, Jan. 20), "Urban Renewal: No Longer Horror Tales of History," *The Oregonian*, January 20, 1988, p. B7 による．
14 現在，サウスオーディトリアム・アーバンリニューアル事業によって建設された高層マンションに住んでいるのは，主にリタイアした裕福な高齢者夫婦である（Steven

Johnson 氏《ポートランド州立大学特任教授》および，Troy Doss 氏《ポートランド市都市計画・サステナビリティ局シニアプランナー》に対する筆者のインタビュー調査による。調査日：2015 年 8 月 13 日，2016 年 3 月 18 日）。
15 1970 年代前半，C-WAPA は新たに設立されたオレゴン州環境局（Oregon Department of Environmental Quality: DEQ）に吸収された。

第 2 章

1 1960 年代米国社会に大きな影響を及ぼしたベストセラーに関する説明は，Flint（2009/2011）および Anderson（1995）を参考にしたものである。
2 Flint（2009/2011）は，ジェイコブスとモーゼスとの戦いを詳細に記述している。この本は，2010 年 Christopher Award 賞を受賞した。本章におけるローメックス建設に対する住民反対運動に関する記述は，Flint（2009/2011）を参考にした。
3 1960 年代ポートランド市のカウンター・カルチャーに関する説明は，Olsen（2012）を参考にした。
4 "Dope Raid Arrests Total 52: Narcotics Valued at Over $20,000 Seized by Police," *The Oregonian*, February 9, 1967, p. 1 による。
5 マーテンの活動に関する記述は，マーテンに対するポートランド市都市計画局元局長アーニー・ボナーのインタビュー調査による。インタビューの実施日は 2001 年 12 月 9 日であり，その録音データおよびテープ起こしデータ "Interview with Betty Merten" はポートランド州立大学図書館に所蔵されている。
6 前出のマーテンも STOP のメンバーであった。
7 マーテンに対するボナーのインタビュー調査による。
8 他には，労働組合やビジネス団体，ソーシャル・サービス団体，芸術団体の活動に関するニュースがあった。
9 Hill, James（1970, Oct. 25), "Nobody Has the City Hall Wired: City-County Consolidation High on List with Portland Candidates," *The Oregonian*, October 25, 1970, p. 73, p. 79.
10 Mershon, Andrew（1969, Oct. 19), "City Council to Appoint Successor to Fill Out Term of William Bowes," *The Oregonian*, October 19, 1969, p. 31.
11 "Choice for City Post Comes as Surprise," *The Oregonian*, October 25, 1969, p. 11.
12 "Council Taps Civil Engineer for Bowes' Job: Unanimous Approval Given Lloyd Anderson Selection," *The Oregonian*, October 25, 1969, p. 1.
13 Tugman, Peter（1969, Oct. 26), "New Councilman Brings Varied Experience to City Hall Position," *The Oregonian*, October 26, 1969, p. RE 15.
14 Hill, James（1970, Oct. 25), "Nobody Has the City Hall Wired: City-County Consolidation High on List with Portland Candidates," *The Oregonian*, October 25, 1970, p. 73, p. 79 による。
15 Mershon, Andrew（1970, Mar. 5), "Earl's Death Creates Big Gap in Old Guard," *The Oregonian*, March 5, 1970, p. 64.
16 Hill, James（1970, Oct. 25), "Nobody Has the City Hall Wired: City-County Consolidation High on List with Portland Candidates," *The Oregonian*, October 25, 1970, p. 73, p. 79 による。
17 同上。
18 同上。

19 Hughes, Harold (1970, Oct. 7), "City Council Rivals Voice Conflicting Views on Ways to Boost Portland's Political Clout," *The Oregonian*, October 7, 1970, p. 30 による。
20 "Auto-Related Planning Criticized," *The Oregonian*, September 25, 1970, p. 62.
21 ゴールドシュミットの経歴に関する説明は，ポートランド市公文書・記録センターに所蔵されているニール・ゴールドシュミットの経歴書（Biographical Fact Sheet）による。
22 "Continued Talk Vowed," *The Oregonian*, May 4, 1970, p. 15 による。
23 Hughes, Harold (1970, Oct. 7), "City Council Rivals Voice Conflicting Views on Ways to Boost Portland's Political Clout," *The Oregonian*, October 7, 1970, p. 30.
24 "Continued Talk Vowed," *The Oregonian*, May 4, 1970, p. 15 による。
25 "Neil Goldschmidt for Portland's Mayor," *The Oregonian*, May 7, 1972, p. 98 による。
26 ポートランド市公式ウェブサイト（https://www.portlandoregon.gov/auditor/article/5401）による（最終アクセス日：2017年2月16日）。

第3章

1 "Agencies Study Development of Willamette Bank," *The Oregonian*, October 5, 1968, p. 9.
2 Portland City Planning Commission *et al.* (1971) による。
3 同上。
4 同上。
5 City of Portland, Office of Transportation, *Elements of Vitality: Results of the Downtown Plan* による。
6 Portland City Planning Commission *et al.* (1971) による。
7 同上。
8 同上。
9 ポートランド市ダウンタウンにおける大手企業と不動産所有者の活動に関する説明は，Portland (Or.) League of Women Voters (1972) および Abbott (1983) を参考にした。
10 メイア・アンド・フランクによる立体駐車場建設の申請および，それに対する審査に関する説明は，Sanderson, William (1970, Jan. 7), "Board's Denial Faces Appeal Before Council: Meier & Frank Argues Facility Holds Key to Survival of Store," *The Oregonian*, January 7, 1970, p. 1 による。
11 年間販売額は名目値である。Pratt, Gerry (1970, Jan. 3), "Making the Dollar: Core Future Tied to More Parking," *The Oregonian*, January 3, 1970, p. 21 による。
12 Pratt, Gerry (1970, Jan. 3), "Making the Dollar: Core Future Tied to More Parking," *The Oregonian*, January 3, 1970, p. 21 による。
13 ベティ・マーテンは，公聴会に参加するのみならず，主婦達を組織して駐車場の建設予定地で反対運動を起こした。こうした彼女の活動については第2章を参照されたい。
14 記録映画『パイオニア・コートハウス・スクエア』の脚本は，ポートランド州立大学図書館「アーニー・ボナー・コレクション」に所蔵されている。
15 Culhane, Kathleen (1970, Jan. 14), "Shuttle Buses?" *The Oregonian*, January 14, 1970, p. 18.
16 同上。
17 Lachman, Richard (1970, Jan. 16), "Downtown's Health," *The Oregonian*, January 16, 1970, p. 26.
18 ダウンタウン総合計画の作成プロセスに関する説明は，Portland (Or.) League of Women Voters (1972), Abbott (1983), および未刊行物 *Downton Plan Work Program*,

Preliminary Statement of Goals and Objectives, Portland City Planning Commission Downtown Meeting, Portland City Planning Commission Downtown Comprehensive Plan Study Guidelines and Work Program(すべてポートランド市公文書・記録センター所蔵)を参考にした。

19 "Planners Restress Need for Citizen Participation in Core Area Studies," *The Oregonian*, December 11, 1970, p. 32 による。
20 同上。
21 Portland (Or.) League of Women Voters (1972) による。
22 オープン・ミーティングに関する説明は、ダウンタウン・プラン・ニュースとオープン・ミーティング議事録(ポートランド市公文書・記録センター所蔵),Portland (Or.) League of Women Voters (1972), Abbott (1983) による。
23 Leeson, Fred (1971, Sep. 1), "'Seniors' Propose Ideas on Downtown," *The Oregon Journal*, September 1, 1971, p. 9 による。
24 "City Market Purchased by Journal: Newspaper Plans to Move Plant to River Front," *The Oregonian*, July 14, 1946, p. 1.
25 1967年8月16日ポートランド市都市計画局長ロイド・キーフェからテリー・シュランク市長に宛てられた手紙(ポートランド州立大学図書館所蔵)および,"Riverfront Plan Gets Go-Ahead," *The Oregonian*, December 12, 1968, p. 1 による。
26 "Riverfront Plan Gets Go-Ahead," *The Oregonian*, December 12, 1968, p. 1.
27 "City's Sad Riverfront Readies Renaissance," *The Oregonian*, September 8, 1968, p. 30.
28 "Agencies Study Development of Willamette Bank," *The Oregonian*, October 5, 1968, p. 9.
29 未刊行物であり,ポートランド州立大学図書館に所蔵されている。
30 "Harbor Drive Report Given City Council," *The Oregonian*, May 14, 1971, p. 46 による。
31 未刊行物 *Proposed Harbor Drive Closure (Confidential)*(1971年4月29日,ロイド・アンダーソンからポートランド市議会に提出された報告書,ポートランド州立大学図書館所蔵)による。
32 "Council Approves Downtown Plan," *The Oregonian*, December 29, 1972, p. 46.
33 "Rose City, Union OK Contract: Settlement Gives Employes Boost in Wage Scale," *The Oregonian*, November 4, 1968, p. 1 による。
34 "Some Problems Remain: Tri-Met Riders Become Bus Fans," *The Oregonian*, April, 4, 1971, p. 77 による。
35 Hughes, Harold (1969, Oct. 31), "'Bus Stop' Portland-Style: Transit Company, City, Union Head for Three-Way Bus Collison," *The Oregonian*, October 31, 1969, p. 41 による。
36 Hughes, Harold (1969, May 1), "Mass Transit Bill Wins Endorsement," *The Oregonian*, May 1, 1969, p. 1 による。
37 サンフランシスコ市とポートランド市のバス運賃および利用者のデータは,Federman, Stan (1969, Aug. 24), "Will Portlanders Subsidize Public Transit? No Municipally Owned System in Nation Operates on Fares Alone," *The Oregonian*, August 24, 1969, p. 65 による。
38 "RCT Warns City Again," *The Oregonian*, June 3, 1969, p. 10 による。
39 "Transit Future," *The Oregonian*, November 5, 1968, p. 16 による。
40 Hughes, Harold (1969, May 1) "Mass Transit Bill Wins Endorsement," *The Oregonian*, May 1, 1969, p. 1 および "State Transit Aid," *The Oregonian*, May 23, 1969, p. 44 による。
41 ロバーツの任期は 1974年2月までであった。
42 "Tri-Met Grant 'Hot on Burner'," *The Oregonian*, March 1, 1972, p. 10 による。

43　"Tri-Met Wins Again," *The Oregonian*, July 8, 1971, p. 34 による。
44　"Transit Mall Go-Ahead," *The Oregonian*, January 10, 1974, p. 20 による。
45　"City to Lose Half of U.S. Aid Unless Transit Mall Altered," *The Oregonian*, October 3, 1973, p. 13.
46　"Transit Mall Go-Ahead," *The Oregonian*, January 10, 1974, p. 20 による。
47　記録映画『パイオニア・コートハウス・スクエア』の脚本（ポートランド州立大学図書館「アーニー・ボナー・コレクション」所蔵）による。
48　Collins, Huntly（1976, Sep. 10）, "City Set to Acquire Sites for 2 Garages," *The Oregonian*, September 10, 1976, p. 1 による。
49　「パイオニア・スクエア年表（Pioneer Square Chronology）」（ポートランド州立大学図書館「アーニー・ボナー・コレクション」所蔵）による。
50　"A People Place," *The Oregonian*, July 15, 1978, p. 12 による。
51　*Public Information Copy: Pioneer Courthouse Square Design Competition*（ポートランド市公文書・記録センター所蔵）による。
52　Alesko, Michael（1980, Jul. 18）, "Portland Team Up-Front for Contract," *The Oregonian*, July 18, 1980, p. 27 による。
53　Jenning, Steve（1981, Jan. 7）, "Design, Politics Blamed: Pioneer Square Project Succumbs," *The Oregonian*, January 7, 1981, p. 1 による。
54　Williams, Linda（1980, Nov. 23）, "New Mayor Moves In: Ivancie Promises Changes for City," *The Oregonian*, November 23, 1980, p. 56.
55　フランシス・イヴァンシの経歴については，第2章を参照されたい。
56　Jenning, Steve（1981, Jan. 7）, "Design, Politics Blamed: Pioneer Square Project Succumbs," *The Oregonian*, January 7, 1981, p. 1 による。
57　レンガを購入した人の中には，自らすすんで15ドルより高い金額を支払った人も少なくなかった。McDermott, Judy（1981, Sep. 5）, "Larger Chunks of 'Immortality' Offered," *The Oregonian*, September 5, 1981, p. 27 による。
58　McDermott, Judy,（1984, Apr. 5）, "Pillars of Pioneer Square: Upside-Down Financing Plan for Square Meant Little Goldbricking, Little Givers Got Square Ball Rolling Quickly," *The Oregonian*, April 5, 1984, p. 79, p. 80 による。
59　Williams, Linda（1982, Feb. 2）, "Ivancie to Push Square Financing," *The Oregonian*, February 2, 1982, p. 24 による。
60　McDermott, Judy（1981, Sep. 5）, "Larger chunks of 'Immortality' Offered," *The Oregonian*, September 5, 1981, p. 27 による。
61　Williams, Linda（1982, Feb. 2）, "Ivancie to Push Square Financing," *The Oregonian*, February 2, 1982, p. 24 による。
62　同上。
63　同上。

第4章

1　ロウアーマンハッタン高速道路の建設事業およびそれに対する市民の反対運動については，第2章を参照されたい。
2　CEID地区については，第5章を参照されたい。
3　Johnson, Barry（1987, Sep. 25）, "Pearls of Art: Warehouse District Becomes Home to Art Galleries, Studios," *The Oregonian*, September 25, 1987, p. F20.

4 Portland Development Commission and Tashman Johnson LLC（1998）による。
5 コーベット家およびラッド家，フェーリング家（Failing）は，19世紀後半ポートランド市の3大地主であった。また，これら3家は，様々な婚姻関係やビジネスパートナーシップで結ばれており，19世紀後半ポートランド市の政治と経済のほとんどを掌握していた。ポートランド市には，今日もなお，これら3家の名がつけられたストリートや住宅街が存在している。
6 当時，ウィラメット川の東側には，同じ「オレゴン・セントラル鉄道」と称する別の鉄道会社が存在していた。両社を区別するために，ウィラメット川の東側の会社はイーストサイド・カンパニーと，ウィラメット川の西側の会社はウエストサイド・カンパニーと呼ばれていた。1870年，イーストサイド・カンパニーはウエストサイド・カンパニーを吸収合併した。1876年，会社の所有権はヘンリー・ヴィラードに移った（Northwest District Association, 1991）。
7 "Factory Zone Big: Railway Spurs Aid Extensive Growth of District, Sites Rising in Value," *The Oregonian*, April 3, 1910, p. 15.
8 ブリッツ・ワインハード社の歴史に関する説明は，City of Portland, Oregon, Bureau of Planning（1984），"Death Takes Arnold I. Blitz," *The Oregonian*, March 21, 1940, p. 14, "Old Midwestern Beer Maker Swallows Blitz-Weinhard," *The Oregonian*, January 31, 1979, p. 65 および Dunlop（2013）による。
9 "Old Midwestern Beer Maker Swallows Blitz-Weinhard," *The Oregonian*, January 31, 1979, p. 65 による。
10 "G.E. Moves Lamp Division: Guilds Lake Area Now Headquarters," *The Oregonian*, March 9, 1952, p. 38 による。
11 Jenning, Steve（1982, Jan. 26），"Pabst Merger Rescued Blitz Brewery," *The Oregonian*, January 26, 1982, p. 15 による。
12 同上。
13 "Old Midwestern Beer Maker Swallows Blitz-Weinhard," *The Oregonian*, January 31, 1979, p. 65 による。
14 年間生産量は600万バレル，すなわち米国市場における年間ビール販売量の約3%以下と定められている。
15 クラフトビール以外のアルコールを製造する企業に所有される権利の比率が25%以下と定められている。
16 今日もCEID地区には数多くのクラフトビール醸造所が立地している。また，新規参入の起業家も多い。
17 最初の社名は「コロンビア・リバー社（Columbia River Brewing）」であった。
18 Foyston, John（2004, Apr. 29），"A Bridgeport Timeline," *The Oregonian*, April 29, 2004, p. F1による。
19 Gragg, Randy（1997, Aug. 3），"Pearl History 1850: Captain John Couch Files a Claim Under TH," *The Oregonian*, August 3, 1997, p. L5
20 Johnson, Barry（1987, Dec. 18），"In Northwest, Some Pearls of Art," *The Oregonian*, December 18, 1987, p. F25.
21 Gragg, Randy（1997, Aug. 3），"Pearl History 1850: Captain John Couch Files a Claim Under TH," *The Oregonian*, August 3, 1997, p. L5 による。
22 Dunham, Elisabeth（1998, Apr. 9），"Lofty Goals," *The Oregonian*, April 9, 1998, p. 20.
23 Portland Development Commission and Tashman Johnson LLC（1998）による。

24 ポートランド市の不動産会社「ポートランド・コンドス社 (Portland Condos LLC)」のウェブサイト (portlandcondos.com/pearl-district-map.html) および筆者の現地調査による (ウェブサイト最終アクセス日：2017年2月16日)。
25 Skelte (2005) による。
26 クレーン・ロフトの内装と販売価格に関する説明は，同社の報告書 Skelte (2005) を参考にした。
27 U.S. Census QuickFacts による。
28 Dunham, Elisabeth (1998, Apr. 9), "Lofty Goals," *The Oregonian*, April 9, 1998, p. 20 による。
29 同上。
30 Skelte (2005) による。
31 Zukin (1982/2014) によると，2010年代，ニューヨーク市マンハッタンのロフト住宅の住民の年間収入は，同市民の上位 20-25% に位置していたという。
32 Population Research Center, Portland State University, *2000 and 2010 Census Profile: Pearl* および U.S. Census QuickFacts による。
33 同上。
34 同上。
35 Northwest Economic Research Center (2012) および U.S. Census QuickFacts による。
36 Northwest Economic Research Center (2012) による。
37 Melton, Kimberly (2009, Feb. 23), "Next for Trendy Pearl: A Public School," *The Oregonian*, February 23, 2009, p. a1.
38 Hottle, Molly (2011, Sep. 10), "Pearl District's First School Bell to Ring," *The Oregonian*, September 10, 2011, Section: Metro Portland Neighbors: In Portland.
39 ROW, D.K. (2003, May 11), "Out But Not Down," *The Oregonian*, May 11, 2003, p. D1.
40 Hunt, Phil (1989, Dec. 29), "Openings, Closings Mark Year in Arts," *The Oregonian*, December 29, 1989, p. F22 による。
41 Turnquist, Kristi (1997, Aug. 3), "Spendy Buildings, Trendy Restaurants Push out First Settlers It's a Trend: When Artists Move into a Neglected Area, Developers Hone in," *The Oregonian*, August 3, 1997, p. L4 による。
42 同上。
43 同上。
44 今日のポートランド市ノースウエスト工業地区とは異なる場所である。
45 パールディストリクトの南部は，1979年にミックスユーズ地区および商業地区に指定された。
46 サウスオーディトリアム・アーバンリニューアル事業については，第1章を参照されたい。
47 Gragg, Randy (1999, Aug. 1), "Romantic's Eulogy for Lovejoy Ramp: The Old Viaduct Must Move Aside for Progress, But Some of Us Will Lament the Loss," *The Oregonian*, August 1, 1999, p. F10 による。
48 1970年，ノーザン・パシフィック鉄道と SP&S 社，さらに数社の鉄道会社が合併して，バーリントン・ノーザン鉄道が設立された。1995年，バーリントン・ノーザン鉄道とサンタフェ・パシフィック鉄道 (Santa Fe Pacific Corp.) が合併して，BNSF 鉄道が設立された。
49 協定書 Amended and Restated Agreement for Development between the City of Portland

and Hoyt Street Properties, L.L.C.による。http://www.pdc.us/Libraries/Document_Library/Hoyt_St_Property_Agreement_pdf.sflb.ashx からダウンロード（最終アクセス日：2017 年 2 月 16 日）。1999 年協定書は改正されたが，ポートランド市と HSP 社それぞれの主要義務に変更はなかった。

50 Oliver, Gordon（2001, Jul. 20），"Streetcar of Dreams" *The Oregonian*, July 20, 2001, p. 2 による。
51 四捨五入のため，合計は 100％にならない。
52 Schmidt, Brad（2015, Apr. 1），"Officials Mum About Drag in Housing Talks," *The Oregonian*, April 1, 2015, p. 10 による。
53 Schmidt, Brad（2015, Jun. 10），"Portland Bought Pearl Plot for Debatable Discount," *The Oregonian*, June 10, 2015, p. 1 による。
54 Christ, Janet（1999, Aug. 28），"Blitz Weinhard Rolls Out Its Last," *The Oregonian*, August 28, 1999, p. A1 による。
55 Leeson, Fred（1999, Dec. 16），"Developer Reveals Vision for Blitz-Weinhard Blocks," *The Oregonian*, December 16, 1999, p. D1 および Christ, Janet（2002, Mar. 6），"A New Kid on the Brewery Blocks," *The Oregonian*, March 6, 2002, p. B1 による。
56 Leeson, Fred（1999, Dec. 16），"Developer Reveals Vision for Blitz-Weinhard Blocks," *The Oregonian*, December 16, 1999, p. D1 による。
57 Christ, Janet（2002, Mar. 6），"A New Kid on the Brewery Blocks," *The Oregonian*, March 6, 2002, p. B1 による。
58 Herzog, Boaz（2001, Feb. 3），"New Tenants Confirmed for Brewery Blocks Site," *The Oregonian*, February 3, 2001, p. B1 による。
59 資金調達は，連邦税額控除および銀行融資，ポートランド市からの融資，個人・団体の寄付によって行われた。
60 Chuang, Angie（2004, Apr. 12），"City, Portland Center Stage Come to Terms on Armory," *The Oregonian*, April 12, 2004, p. B5 による。
61 Gragg, Randy（2005, May 19），"Building Blocks: Urban Conversion, 5 Years Later," *The Oregonian*, May 19, 2005, p. 14 による。
62 Frank, Ryan（2008, Feb. 8），"Law Firm Joins Pearl Migration," *The Oregonian*, February 8, 2008, p. D1 による。
63 Rivera, Dylan（2007, Jul. 24），"Brewery Blocks Sell at Premium," *The Oregonian*, July 24, 2007, p. A1 による。
64 Population Research Center, Portland State University, *2000 and 2010 Census Profile: Pearl* による。
65 同上。
66 Row, D.K.（2006, Nov. 12），"Galleries: Going, Going, Gone?" *The Oregonian*, November 12, 2006, p. O7 による。
67 同上。

第 5 章

1 Harper, Marques（1999, Sep. 26），"A Lofty Controversy: As Portland Grows, The Central Eastside's Location and Livability Have Some Asking, 'Will This Be the Next Pearl District?'" *The Oregonian*, September 26, 1999, p. L1.
2 FRED, Federal Reserve Bank of St. Louis, *Real Median Family Income in the United States* に

よる。
3 Portland Business Journal（2015）による。
4 当該報告書は，https://www.unglobalcompact.org/system/attachments/81781/original/FY12-13_NIKE_Inc_CR_Report.pdf?1400276890 からダウンロード（最終アクセス日：2017年2月17日）。
5 ウェブサイト Nike Sustainability - Interactive Map（http://manufacturingmap.nikeinc.com）による（最終アクセス日：2017年2月17日）。
6 Portland Business Journal（2015）による。
7 Morozov, Evgeny（2014, Jan. 13),"Making It: Pick Up a Spot Welder and Join the Revolution," *The New Yorker*, January 13, 2014 Issueによる。http://www.newyorker.com/magazine/2014/01/13/making-it-2 からダウンロード（最終アクセス日：2017年2月16日）。
8 CEID地区に関する以下の説明は，CEID地区内550エーカーに対する調査の結果である。
9 Troy Doss 氏に対する筆者のインタビュー調査による（調査日：2016年3月18日）。
10 工業のうち廃棄物処理施設の立地については，条件付き土地利用許可が必要である。
11 工業のうち鉄道操車場と廃棄物処理施設は，EX地区に立地することができない。
12 これらの用途に加えて，CEID地区の5.5%は，公園などオープンスペース地区に指定された。
13 Troy Doss 氏に対する筆者のインタビュー調査による（調査日：2016年3月18日）。
14 Steven Johnson 氏および Charles Heying 氏（ポートランド州立大学名誉教授），Troy Doss 氏，Kat Solis 氏（ADXメンバーシップ・ディレクター）に対する筆者のインタビュー調査による（調査日：2015年12月25日，2016年3月15日，18日，28日）。
15 2014年持家市場価格の中央値は，2010年から2014年までの平均値である。U.S. Census QuickFacts による。
16 同上。
17 EOSサブエリアに指定された地域は，東のサウスイースト・サード・アベニュー（SE 3rd Avenue），西のサウスイースト・ウォーター・アベニュー（SE Water Avenue），北のイースト・バーンサイド・ストリート（E Burnside Street）およびサウスイースト・アシュ・ストリート（SE Ash Street），サウスイースト・オーク・ストリート（SE Oak Street），南のサウスイースト・カルサス・ストリート（SE Caruthers Street）に囲まれるエリアである。
18 Troy Doss 氏および Robin Scholetzky 氏（CEID地区の企業や活動家達が組織する非営利団体 CEIC の役員）に対する筆者のインタビュー調査による（調査日：2016年3月18日，21日）。
19 1000 Friends of Oregon（1984）および，City of Portland, Oregon, Bureau of Planning and Sustainability（2013）による。
20 1000 Friends of Oregon（1984）および，City of Portland, Oregon, Bureau of Planning and Sustainability（2013）により筆者が算出。
21 City of Portland, Oregon, Bureau of Planning and Sustainability（2013）による。
22 Charles Heying 氏，Robin Scholetzky 氏および Kat Solis 氏に対する筆者のインタビュー調査による（調査日：2016年3月15日，21日，28日）。
23 Troy Doss 氏に対する筆者のインタビュー調査による（調査日：2016年3月18日）。

第 6 章

1 2016 年 5 月 19 日にポートランド市で開催されたコンファレンス「ステージス PDX (Stages PDX)」におけるロイのスピーチによる。
2 Charles Heying 氏および Kat Solis 氏に対する筆者のインタビュー調査による（調査日：2016 年 3 月 15 日，28 日）。
3 Kat Solis 氏に対する筆者のインタビュー調査による（調査日：2016 年 3 月 28 日）。
4 Troy Doss 氏に対する筆者のインタビュー調査による（調査日：2016 年 3 月 18 日）。
5 Kat Solis 氏に対する筆者のインタビュー調査による（調査日：2016 年 3 月 28 日）。
6 同上。
7 週 1 日で 4 時間だけ働く MR もいるが，彼らはその対価として会員費の 5 割引を受けることになっている。
8 週 1 日で 5 時間だけ働く ShS もいるが，彼らはその対価として会員費の 5 割引を受けることになっている。
9 ジョナサンの事例は，本人に対する筆者のインタビュー調査による（調査日：2016 年 3 月 28 日）。
10 Kat Solis 氏に対する筆者のインタビュー調査による（調査日：2016 年 3 月 28 日）。
11 同上。

参考文献

1000 Friends of Oregon (1984), *Central Eastside Industrial District: Benefactor to Portland's Economy*. 未刊行物，ポートランド市公文書・記録センター所蔵。

Abbott, C. (1983), *Portland: Planning, Politics, and Growth in a Twentieth-Century City*. Lincoln: University of Nebraska Press.

――― (1992), "Regional City and Network City: Portland and Seattle in the Twentieth Century," *The Western Historical Quarterly*, Vol. 23, No. 3, pp. 293-322.

――― (2000), "The Capital of Good Planning: Metropolitan Portland sicne 1970," in Fishman, R. (ed.), *The American Planning Tradition: Culture and Policy*. Washington, D.C.: The Woodrow Wilson Center Press, pp. 241-261.

Acitelli, T. (2013), *The Audacity of Hops: The History of America's Craft Beer Revolution*. Chicago: Chicago Review Press.

Agranoff, R. & McGuire, M. (2003), *Collaborative Public Management: New Strategies for Local Governments*. Washington, D.C.: Georgetown University Press.

Anderson, T. H. (1995), *The Movement and The Sixties: Protest in America from Greensboro to Wounded Knee*. New York: Oxford University Press.

Ashbaugh, J. G. (1987), "Portland's Changing Riverspace," in Price, L. W. (ed.), *Portland's Changing Landscape*. Portland: Department of Geography, Portland State University, and Association of American Geographers, pp. 38-54.

Belasco, W. J. (1989/2007), *Appetite for Change: How the Counterculture Took on the Food Industry*, Second Updated Edition. Ithaca: Cornell University Press. First published in 1989 by Pantheon Books.

Bishop, B. & Cushing, R. G. (2009), *The Big Sort: Why the Clustering of Like-Minded America Is Tearing Us Apart*. Fist Mariner Books Edition. New York: Mariner Books.

Bradbury, K. L., Downs, A., & Small, K. A. (1982), *Urban Decline and the Future of American Cities*. Washington, D.C.: The Brookings Institution.

Buel, R. A. (1972/1973), *Dead End: The Automobile in Mass Transportation*. Baltimore: Penguin Books. First published in 1972 by Prentice-Hall.

Bureau of the Census (1971), *Current Population Reports: Consumer Income*. https://www2.census.gov/prod2/popscan/p60-078.pdf からダウンロード（最終アクセス日：2017年2月17日）。

Caro, R. A. (1974/1975), *The Power Broker: Robert Moses and the Fall of New York*, Vintage Books Edition. New York: Vintage Books. Originally published in 1974 by Alfred A. Knopf.

Carson, R. (1962/2000), *Silent Spring*, Introduction by Shackleton, L., Preface by Huxley, J., a new Afterward by Lear, L.. Penguin Books. First published in 1962 by Houghton Mifflin（レイチェル・カーソン著，青樹簗一訳『沈黙の春』（新潮文庫）新潮社，1974年）.

Central City Plan Office (1985), *N.W. Triangle District Central City Plan Area: Agency Briefing Papers*. 未刊行物，ポートランド市公文書・記録センター所蔵。

City Club of Portland (Portland, Or.) (1971), "Report on Urban Renewal in Portland," *City Club of Portland*, Paper 336, pp. 25-84.

231

City of Portland, Office of Transportation, *Elements of Vitality: Results of the Downtown Plan*. 未刊行物, 作成時期不詳. https://www.portlandoregon.gov/transportation/article/87292 からダウンロード（最終アクセス日：2017 年 2 月 17 日）.

City of Portland, Oregon (1963), *Portland Improvements 1963: A Comparison Made to the 1943 Report of Mr. Robert Moses*. 未刊行物, ポートランド市公文書・記録センター所蔵.

—— (1978), *Central Eastside Industrial Revitalization Study*. 未刊行物, ポートランド市公文書・記録センター所蔵.

City of Portland, Oregon, Bureau of Planning (1984), *Northwest Triangle Study: Background Document*. 未刊行物, ポートランド市公文書・記録センター所蔵.

—— (1988), *Central City Plan*. https://www.portlandoregon.gov/bps/article/88693 からダウンロード（最終アクセス日：2017 年 2 月 17 日）.

—— (2003), *Central Eastside Industrial Zoning Study*. https://www.portlandoregon.gov/bps/article/79307 からダウンロード（最終アクセス日：2017 年 2 月 17 日）.

City of Portland, Oregon, Bureau of Planning and Sustainability (2013), *Portland's Central Eastside*. https://www.portlandoregon.gov/bps/article/480760 からダウンロード（最終アクセス日：2017 年 2 月 17 日）.

Clark, D. E. & Hunter, W. J. (1992), "The Impact of Economic Opportunity, Amenities and Fiscal Factors on Age-Specific Migration Rates," *Journal of Regional Science*, Vol. 32, No. 3, pp. 349-365.

Clark, T. N., Lloyd, R., Wong, K. K., & Jain, P. (2002), "Amenities Drive Urban Growth," *Journal of Urban Affairs*, Vol. 24, No. 5, pp. 493-515.

Cortright, J. (2005), *The Young and Restless in a Knowledge Economy*. http://planning.sanjoseca.gov/planning/gp_update/meetings/6-23-08/The%20Young%20and%20the%20Restless.pdf からダウンロード（最終アクセス日：2017 年 2 月 17 日）.

Costa, D. L. & Kahn, M. E. (2000), "Power Couples: Changes in the Locational Choice of the College Educated, 1940-1990," *The Quarterly Journal of Economics*, Vol. 115, No. 4, pp. 1287-1315.

Drennan, M. P. (1992), "The Decline and Rise of the New York Economy," in Mollenkopf, J. H. & Castells, M. (eds.), *Dual City: Restructuring New York*, First Paperback Edition. New York: Russell Sage Foundation, pp. 25-41.

Dunlap, R. E. (1992), "Trends in Public Opinion Toward Environmental Issues: 1965-1990," in Dunlap, R. E. & Mertig, A. G. (eds.), *American Environmentalism: The U.S. Environmental Movement, 1970-1990*. Taylor & Francis, pp. 89-116.

—— & Mertig, A. G. (1992), "The Evolution of the U.S. Environmental Movement from 1970 to 1990: An Overview," in Dunlap, R. E. & Mertig, A. G. (eds.), *American Environmentalism: The U.S. Environmental Movement, 1970-1990*. Taylor & Francis, pp. 1-10.

Dunlop, P. (2013), *Portland Beer: Crafting the Road to Beervana*, Foreword by Angelo De Ieso. Charleston: American Palate.

Epstein, J. (2011), "Introduction," in Jacobs, J., *The Death and Life of Great American Cities*, 50th Anniversary Edition, with a new Introduction by Epstein, J.. New York: Modern Library, pp. ix-xix.

Farber, D. (1994), *The Age of Great Dreams: America in the 1960s*. New York: Hill and Wang.

Flint, A. (2009/2011), *Wrestling with Moses: How Jane Jacobs Took On New York's Master Builder and Transformed the American City*, 2011Random House Trade Paperback Edition. New

York: Random House. Originally published in 2009 by Random House（アンソニー・フリント著，渡邉泰彦訳『ジェイコブズ対モーゼス：ニューヨーク都市計画をめぐる闘い』鹿島出版会，2011 年）.

Foard, A. A. & Fefferman, H.（1966）, "Federal Urban Renewal Legislation," in Wilson, J. Q. (ed.), *Urban Renewal: The Record and the Controversy*. Cambridge: The M.I.T. Press, pp. 71-125.

Friedan, B.（1963/2013）, *The Feminine Mystique*, Norton Paperback Edition, Introduction by Collins, G., Afterword by Quindlen, A.. New York: W. W. Norton & Company. Originally published in 1963（ベティ・フリーダン著，三浦冨美子訳『新しい女性の創造』改訂版, 大和書房，2004 年）.

Frieden, B. J. & Sagalyn, L. B.（1991）, *Downtown, Inc.: How America Rebuilds Cities*, First MIT Press Paperback Edition. Cambridge: The MIT Press.

Gitlin, T.（1993）, *The Sixties: Years of Hope, Days of Rage*, Bantam Revised Trade Edition. New York: Bantam Books.

Glacier Park Company（1989）, *A New Direction for Portland's Downtown: A Master Plan Proposal from the Glacier Park Company for 40 Acres in the Heart of Portland's North Downtown*. 未刊行物．ポートランド市公文書・記録センター所蔵。

Graves, P. E.（1979）, "A Life-Cycle Empirical Analysis of Migration and Climate, by Race," *Journal of Urban Economics*, Vol. 6, Issue 2, pp. 135-147.

―――（1983）, "Migration with a Composite Amenity: The Role of Rents," *Journal of Regional Science*, Vol. 23, No. 4, pp. 541-546.

――― & Linneman, P. D.（1979）, "Household Migration: Theoretical and Empirical Results," *Journal of Urban Economics*, Vol. 6, No. 3, pp. 383-404.

Gyourko, J. & Tracy, J.（1991）, "The Structure of Local Public Finance and the Quality of Life," *Journal of Political Economy*, Vol. 99, No. 4, pp. 774-806.

Halberstam, D.（1993）, *The Fifties*. New York: Random House.

Harrington, M.（1962/2012）, *The Other America: Poverty in the United States*, 50th Anniversary Edition, with a new Forward by Isserman, M., and an Introduction by Howe, I.. New York: Scribner. Originally published in 1962.

Hays, S. P. & Hays, B. D.（1989）, *Beauty, Health, and Permanence: Environmental Politics in the United States, 1955-1985*, First Paperback Edition. Cambridge: Cambridge University Press.

Herzog, H. W, Jr. & Schlottmann, A. M.（1986）, "The Metro Rating Game: What Can Be Learned from the Recent Migrants?" *Growth and Change*, Vol. 17, Issue 1, pp. 37-50.

Jacobs, J.（1961/1992）, *The Death and Life of Great American Cities*, Vintage Books Edition. New York: Vintage Books. Originally published in 1961 by Random House（ジェイン・ジェイコブズ著，山形浩生訳『新版　アメリカ大都市の死と生』鹿島出版会，2010 年）.

Johansen, D. O. & Gates, C. M.（1967）, *Empire of the Columbia: A History of the Pacific Northwest*, Second Edition. New York: Harper & Row, Publishers.

Johnson, S. R.（2002）, *The Transformation of Civic Institutions and Practices in Portland, Oregon, 1960-1999*. Doctoral Dissertation（Portland State University）.

Jones, A.（2014）, *Industrial Decline in an Industrial Sanctuary: Portland's Central Eastside Industrial District, 1981-2014*. Master Thesis（Portland State University）.

Jones, R. A.（1999）, *Re-Presenting the Post-Industrial Neighborhood: Planning and Redevelopment*

参考文献　*233*

in Portland's Pearl District. Doctoral Dissertation (Portland State University).
Jurjevich, J. R. & Schrock, G. (2012a), "Is Portland Really the Place Where Young People Go To Retire? Migration Patterns of Portland's Young and College-Educated, 1980-2010," *Publications, Reports and Presentations*, Paper 5, pp. 1-22.
—— (2012b), "Is Portland Really the Place Where Young People Go To Retire? Analyzing Labor Market Outcomes for Portland's Young and College-Educated," *Publications, Reports and Presentations*, Paper 18, pp. 1-20.
Kay, J. H. (1997), *Asphalt Nation: How the Automobile Took Over America and How We Can Take It Back*. Berkeley: University of California Press.
Keefe, L. T. (1975), *History of Zoning in Portland, 1918-1959*. 未刊行物, ポートランド市都市計画・サステナビリティ局所蔵.
Kodrzycki, Y. K. (2001), "Migration of Recent College Graduates: Evidence from the National Longitudinal Survey of Youth," *New England Economic Review*, Issue No. 1, pp. 13-34.
Lansing, J. (2005), *Portland: People, Politics, and Power, 1851-2001*, First Paper Edition. Corvallis: Oregon State University Press.
MacColl, K. E. (1976), *The Shaping of a City: Business and Politics in Portland, Oregon, 1885-1915*. Portland: The Georgian Press.
—— & Stein, H. H. (1988), *Merchants, Money and Power: The Portland Establishment, 1843-1913*. Portland: The Georgian Press.
McAdam, D. (1988), *Freedom Summer*. New York: Oxford University Press.
McCall, T. & Neal, S. (1977), *Tom McCall: Maverick*. Portland: Binford & Mort.
Mincer, J. (1978), "Family Migration Decisions," *Journal of Political Economy*, Vol. 86, No. 5, pp. 749-773.
Molotch, H. (1976), "The City as a Growth Machine: Toward a Political Economy of Place," *American Journal of Sociology*, Vol. 82, No. 2, pp. 309-332.
Moretti, E. (2013), *The New Geography of Jobs*, First Mariner Books Edition. New York: Mariner Books.
Moses, R. (1943), *Portland Improvement*. 未刊行物, マルトノマ郡中央図書館所蔵.
Nader, R. (1965), *Unsafe at Any Speed*. New York: Grossman Publishers (ラルフ・ネイダー著, 河本英三訳『どんなスピードでも自動車は危険だ』ダイヤモンド社, 1969年).
National League of Cities (2016), *How Cities Can Grow: The Maker Movement*. http://www.nlc.org/Documents/Find%20City%20Solutions/Research%20Innovation/Economic%20Development/Maker%20Movement%20Report/Maker%20Movement%20Report%20final.pdf からダウンロード (最終アクセス日：2017年2月18日).
Northwest District Association (1991), *Northwest Portland Historic Inventory: Historic Context Statement*. http://www.oregon.gov/oprd/HCD/OHC/docs/multnomah_portland_northwest_historiccontext_vol1.pdf からダウンロード (最終アクセス日：2017年2月18日).
Northwest Economic Research Center (2012), *Pearl District Market Study*. https://www.pdx.edu/nerc/sites/www.pdx.edu.nerc/files/Pearl%20EB5%20Report.pdf からダウンロード (最終アクセス日：2017年2月18日).
Olsen, P. (2012), *Portland in the 1960s: Stories from the Counterculture*, Foreword by Uris, J.. Charleston: The History Press.
PAPDC (1944a), *Employment Report I (Confidential)*. 未刊行物, ポートランド市公文書・記

録センター所蔵。
——（1944b）, *Portland Metropolitan Area Employment and Estimated Postwar Unemployment*. 未刊行物，ポートランド市公文書・記録センター所蔵。
Plane, D. A. & Heins, F. (2003), "Age Articulation of U.S. Inter-Metropolitan Migration Flows," *The Annals of Regional Science*, Vol. 37, Issue. 1, pp. 107-130.
—— & Jurjevich, J. R. (2009), "Ties That No Longer Bind? The Patterns and Repercussions of Age-Articulated Migration," *The Professional Geographer*, Vol. 61, No. 1, pp. 4-20.
Pomeroy, E. (1965), *The Pacific Slope: A History of California, Oregon, Washington, Idaho, Utah, and Nevada*. Seattle: University of Washington Press.
Porell, F. W. (1982), "Intermetropolitan Migration and Quality of Life," *Journal of Regioanl Science*, Vol. 22, No. 2, pp. 137-158.
Portland (Or.) League of Women Voters (1972), "A Look at Downtown Portland," *Portland City Archives*, Paper 3, pp. 1-14.
Portland Business Journal (2015), *Book of Lists 2015-2016*. Portland Business Journal.
Portland City Planning Commission (1957), *South Auditorium Urban Renewal Project: Preliminary Project Report*. 未刊行物，ポートランド市公文書・記録センター所蔵。
——; Cornell, Howland, Hayes, & Merryfield; & DeLeuw, Cather & Company (1971), *Portland Downtown Plan: Inventory and Analysis*. 未刊行物，ポートランド州立大学所蔵。
Portland Development Commission (1965), *Part I: Final Project Report: Application for Amended Loan and Grant Contract; South Auditorium Project: Area II*. 未刊行物，ポートランド市公文書・記録センター所蔵。
——（1983a）, *South Auditorium Project, Portland, Oregon*. 未刊行物，ポートランド市公文書・記録センター所蔵。
——（1983b）, *Consolidated Urban Renewal Plan (R-213) for South Auditorium Redevelopment Plan (Ore. R-1): Area II*. 未刊行物，ポートランド市公文書・記録センター所蔵。
——（1986）, *Downtown Portland Project Reference File*. 未刊行物，ポートランド州立大学図書館所蔵。
——（2007）, *River District Housing Implementation Strategy: 2006 Annual Report*. http://www.pdc.us/Libraries/River_District/River_District_Housing_Implementation_Strategy_2007_pdf.sflb.ashx からダウンロード（最終アクセス日：2017年2月18日）。
—— and Tashman Johnson LLC (1998), *River District Urban Renewal Plan*. 未刊行物，ポートランド市公文書・記録センター所蔵。
Rappaport, J. (2007), "Moving to High Quality of Life," *The Federal Reserve Bank of Kansas City, Economic Research Department, Research Working Paper*, No. 07-02, pp. 1-26.
Ray, P. H. & Anderson, S. R. (2000), *The Cultural Creatives: How 50 Million People Are Changing the World*. New York: Harmony Books.
Relph, E. (1976), *Place and Placelessness*. London: Pion Limited（エドワード・レルフ著，高野岳彦・阿部隆・石山美也子訳『場所の現象学：没場所性を越えて』（ちくま学芸文庫）筑摩書房，1999年）．
River District Steering Committee (1994), *River District: A Development Plan for Portland's North Downtown*. 未刊行物，ポートランド市公文書・記録センター所蔵。
Rosen, S. (1979), "Wage-Based Indexes of Urban Quality of Life," in Mieszkowski, P. & Straszheim, M. (eds.), *Current Issues in Urban Economics*. Baltimore: The Johns Hopkins University Press, pp. 74-104.

Roy, K. & Acott, P. (2015), *Portland Made: The Makers of Portland's Manufacturing Renaissance*. Portland: Portland Made Press.

RUDAT [American Institute of Architects Regional-Urban Design Assistance Team] (1983), *Last Place in the Downtown Plan*. 未刊行物，ポートランド州立大学図書館所蔵。

Schoenfeld, C. A., Meier, R. F., & Griffin, R. J. (1979), "Constructing a Social Problem: The Press and the Environment," *Social Problems*, Vol. 27, No. 1, pp. 38-61.

Sjaastad, L. A. (1962) "The Costs and Returns of Human Migration," *Journal of Political Economy*, Vol. 70, No. 5, Part 2: Investment in Human Beings, pp. 80-93.

Skelte, M. R. (2005), *Complete Appraisal Self-Contained Report: Crane Building*. 未刊行物，ポートランド市公文書・記録センター所蔵。

Soja, E. W. (1992), "Poles Apart: Urban Restructuring in New York and Los Angeles," in Mollenkoph, J. H. & Castells, M. (eds.), *Dual City: Restructuring New York*, Firtst Paperback Edition. New York: Russell Sage Foundation, pp. 361-376.

Sorkin, M. (1992), "Introduction: Variations on a Theme Park," in Sorkin, M. (ed.), *Variations on a Theme Park: The New American City and the End of Public Space*. New York: Hill and Wang, pp. xi-xv.

Stone, C. N. (1989), *Regime Politics: Governing Atlanta, 1946-1988*. Lawrence: University Press of Kansas.

Sundquist, J. L. (1975), *Dispersing Population: What America Can Learn from Europe*. Washington, D.C.: The Brookings Institution.

Thompson, G. L. (2005), "How Portland's Power Brokers Accommodated the Anti-Highway Movement of the Early 1970s: The Decision to Build Light Rail," *Business and Economic History On-Line*, Vol. 3, pp. 1-17. http://www.thebhc.org/sites/default/files/thompson.pdf からダウンロード（最終アクセス日：2017年2月18日）。

Weiner, E. (1992), *Urban Transportation Planning in the United States: An Historical Overview*, Revised Edition. Reprint from the University of Michigan Libraries collection.

Weinstein, J. & Wood, C. (1970), *PSU Strick*. パンフレット，オレゴン歴史協会リサーチ・ライブラリ所蔵。

Wheeler, S. M. & Beatley, T. (2009), "Editors' Introduction to 'Orthodox Planning and The North End'," in Wheeler, S. M. & Beatley, T. (eds.), *The Sustainable Urban Development Reader*, Second Edition. New York: Routledge, pp. 33-34.

Whisler, R. L., Waldorf, B. S., Mulligan, G. F., & Plane, D. A. (2008), "Quality of Life and the Migration of the College-Educated: A Life-Course Approach," *Growth and Change*, Vol. 39, No. 1, pp. 58-94.

Wollner, C., Provo, J., & Schablitsky, J. (2001), *A Brief History of Urban Renewal in Portland, Oregon*. file:///D:/Downloads/A_Brief_History_of_Urban_Renewal_in_Portland__Ore.pdf からダウンロード（最終アクセス日：2017年2月18日）。

Zukin, S. (1982/2014), *Loft Living: Culture and Capital in Urban Change*, 25th Anniversary Edition. New Brunswick: Rutgers University Press. Originally published in 1982, the First U.S. Paperback Edition published in 1989.

木下斉（2015），「偽物の官製成功事例を見抜く5つのポイント：なぜ『コンパクトシティ』は失敗したのか」，『東洋経済オンライン』2015年4月28日，http://toyokeizai.net/articles/-/68035 からダウンロード（最終アクセス日：2017年2月18日）。

才木義夫（2006），『地球環境を守るために：図表と解説　入門編』環境学習ノート・増補

改訂版，神奈川新聞社。
財団法人自治体国際化協会ニューヨーク事務所（2008）．「米国におけるシティ・マネージャーの役割」，㈶自治体国際化協会 *Clair Report*, Number 326。http://www.clair.or.jp/j/forum/c_report/pdf/326.pdf からダウンロード（最終アクセス日：2017 年 2 月 18 日）。

索 引

数字・欧文

1949年住宅法（Housing Act of 1949）　39
1956年連邦補助高速道路法（Federal-Aid Highway Act of 1956）　51,55
1972年ダウンタウン・プラン（Downtown Plan, 1972）　99,103,202,211
1973年連邦補助高速道路法（Federal-Aid Highway Act of 1973）　61,79,204
ADX　20,183
APP（Association for Portland Progress）　112
CEIC（Central Eastside Industrial Council）　179
CH2M社　75,90-92,94,209
HSP社（Hoyt Street Properties, L.L.C.）　146,148
JPモルガン・チェース・アンド・カンパニー　154
PIC（Portland Improvement Corporation）　88,90,93
TIF（tax increment financing）　42,147

ア行

アーバンリニューアル事業（Urban Renewal）　10,39
アービング・ストリート・ロフト（Irving Street Lofts）　139
『アメリカ大都市の死と生（The Death and Life of Great American Cities）』　37,44,52,57
アール，スタンリー（Earl, Stanley）　71,74,76
アンダーソン，ロイド（Anderson, Lloyd）　71,74,99,106
イヴァンシ，フランシス（Ivancie, Francis）　70-71,94,113-115
インテル　32,180

カ行

下院議案1808（House Bill 1808）　105
カルチャー・クリエイティブ（Culture Creatives）　9
クオリティ・オブ・ライフ　6,8,10,21,24,39,201
クラフトビール醸造所　133-135,155,158

グレーソン，マーク（Grayson, Mark）　71,74,76
ケラー，イラ（Keller, Ira）　43,73-74
工業保護政策（Industrial Sanctuary Policy）　175-177,181
ゴールドシュミット，ニール（Goldschmidt, Neil）　12,71,76-79,106,110,113,204,206
国家環境政策法（National Environmental Policy Act of 1969: NEPA）　61,79,204

サ行

サウスオーディトリアム・アーバンリニューアル事業　38,62,83,145,208,210
サンフランシスコ市　1,3-4,12,25-26,28,31,104,134,138,201,205
シアトル市　1-4,25-26,28,31,138,176,201
シアトル都市圏　3,5,31
ジェイコブズ，ジェイン（Jacobs, Jane）　37,44,52,54
ジャーディング・エドレン開発社（Gerding Edlen Development Co.）　151
住民投票権（referendum）　27
シュランク，テリー（Schrunk, Terry）　70-71,73-74,79,97
成長マシン　6,9-10,13,21,202,208
セントラルイースト工業地区（Central Eastside Industrial District: CEID地区）　19,124,134,156-157,183,185,198,211

タ行

地方消滅　3,15,212
デリュー・キャザー社（DeLeuw, Cather & Co）　85,91-92,209
都市公共交通補助法（Urban Mass Transportation Assistance Act of 1970）　61,79,105-106,204
都市のコンパクト・シティ化　212
都市レジーム（urban regime）　12-14,207
トライメット（Tri-County Metropolitan Transportation District: Tri-Met）　90,92,103,106
トランジット・モール（Transit Mall）

238

99,103,105,202

ナ行

ナイキ 31-32,161,180
ノースウエスト・コースト 1

ハ行

パイオニア・コートハウス・スクエア（Pioneer Courthouse Square） 109-111,202
パイオニア・スクエア後援会（Friends of Pioneer Square） 114
発議権（initiative） 27
ハーバードライブ（Harbor Drive） 34,68,96-98,101,202
パールディストリクト（Pearl District） 19,121,157,169,179
ブエル，ロナルド（Buel, Ronald） 68
フリーダム・サマー（Freedom Summer） 77
ブリッツ・ワインハード社（Blitz-Weinhard Company） 129,131-133,150-151,154
ブリューパブ（Brewpub） 136,155,158
ブリュワリー・ブロック（Brewery Block） 124,150
ホイト・ストリート操車場（Hoyt Street Railyard） 127,146
ボウズ，ウィリアム（Bowes, William） 35,71-72,74
ポートランド・アーモリー（Portland Armory） 151,153
ポートランド・インプルーブメント（Portland Improvement） 37-38,54,71,103
ポートランド市開発局（Portland Development Commission: PDC） 41-43,73,83,110-111,113,147
ポートランド都市圏 5,29-33
ポートランド・ホテル（The Portland Hotel） 84,88,109,115
ボナー，アーニー（Bonner, Ernie） 16,67,110
ホールフーズマーケット（Whole Foods Market） 151

マ行

マウント・フッド高速道路（Mt. Hood Freeway） 68-69
マクレディ，コニー（McCready, Connie） 71,76,113
マッコール，トム（McCall, Tom） 97
マーテン，ベティ（Merten, Betty） 66,89
メイア・アンド・フランク（Meier & Frank） 67,85,88,109-110
メーカー・スペース（Maker Space） 20,158,163,179,183
メーカームーブメント 162,183,198
モーゼス，ロバート（Moses, Robert） 36,54,71,103,202,204,207

ラ行

ラブジョイ・ランプ（Lovejoy Ramp） 145,147,149
レイアヒル住区（Lair Hill） 45,62-63
ロイ，ケリー（Roy, Kelley） 183,185,198
ロバーツ，ウィリアム（Roberts, William） 105-106,113
ロフト住宅 121-123,138

ワ行

ワーク・トレード（Work Trade） 194-196

索　引　　239

■著者紹介

畢　滔滔（ぴい　たおたお）

中国北京市生まれ。2000年，一橋大学大学院商学研究科博士後期課程修了。博士（商学）。東京理科大学諏訪短期大学（現・諏訪東京理科大学），敬愛大学経済学部を経て，現在，立正大学経営学部教授。2008年度カリフォルニア大学バークレー校都市地域開発研究所（IURD, UC Berkeley）客員研究員（Visiting Scholar）。主要著作は『チャイナタウン，ゲイバー，レザーサブカルチャー，ビート，そして街は観光の聖地となった：「本物」が息づくサンフランシスコ近隣地区』（白桃書房，2015年，日本商業学会・学会賞（奨励賞）受賞），『よみがえる商店街：アメリカ・サンフランシスコ市の経験』（碩学舎，2014年），「広域型商店街における大型店舗と中小小売商の共存共栄：『アメ横』商店街の事例研究」『流通研究』第5巻第1号（2002年，日本商業学会・学会賞（優秀論文賞）受賞）など。

■なんの変哲もない　取り立てて魅力もない地方都市
それがポートランドだった
──「みんなが住みたい町」をつくった市民の選択

From "A Growth Machine" to "A Livable City"
Changes in City Planning of Portland, Oregon since the 1970s

■発行日 ── 2017年3月31日　初版発行　　　〈検印省略〉

■著　　者 ── 畢　滔滔
■発行者 ── 大矢栄一郎
■発行所 ── 株式会社　白桃書房
　　　　　　〒101-0021　東京都千代田区外神田5-1-15
　　　　　　☎03-3836-4781　fax 03-3836-9570　振替00100-4-20192
　　　　　　http://www.hakutou.co.jp/

■印刷・製本 ── 藤原印刷株式会社

© Taotao Bi-Matsui 2017　Printed in Japan　ISBN978-4-561-96137-6 C3033

本書のコピー，スキャン，デジタル化等の無断複製は著作権法上での例外を除き禁じられています。本書を代行業者等の第三者に依頼してスキャンやデジタル化することは，たとえ個人や家庭内の利用であっても著作権法上認められておりません。

[JCOPY]〈㈳出版者著作権管理機構委託出版物〉
本書の無断複写は著作権法上での例外を除き禁じられています。複写される場合は，そのつど事前に，㈳出版者著作権管理機構（電話03-3513-6969，FAX03-3513-6979，e-mail: info@jcopy.or.jp）の許諾を得てください。

落丁本・乱丁本はおとりかえいたします。

好評書

チャイナタウン，ゲイバー，レザーサブカルチャー，ビート，そして街は観光の聖地となった
「本物」が息づくサンフランシスコ近隣地区

畢 滔滔著

4つのユニークな近隣地区の街の取り壊しや，個々人への差別など当局や偏見との闘いの歴史など，サンフランシスコ市の観光施策の変遷を辿りつつ，多くの資料や現地調査に基づき，観光・街づくりへの含意を提示。

ISBN978-4-561-76206-5　　本体価格 2750 円

──── 東京 白桃書房 神田 ────

表示価格には別途消費税がかかります。